悲剧的诞生

［德］弗里德里希·威廉·尼采　著

周国平　译

云南人民出版社

果麦文化　出品

Friedrich Nietzsche
(1844—1900)

总序　今天，我们为什么要读尼采

在西方哲学家里，尼采是一个另类。在通常情况下，另类是不被人们接受的，事实上尼采也不被他的同时代人接受，生前只有一点小名气。但是，在他死后，西方文化界和哲学界越来越认识到他的伟大，他成了 20 世纪最走红的哲学家。我本人对尼采也情有独钟，觉得他这个人，从个性到思想到文字，都别具魅力，对我既有冲击力，又能引起深深的共鸣。

32 年前，我第一次开尼采讲座，地点是北京大学办公楼礼堂，那次的经历终生难忘。近千个座位坐得满满的，我刚开始讲，突然停电了，讲台上点燃了一支蜡烛，讲台下一片漆黑，一片肃静，我觉得自己像是在布道。刚讲完，电修好了，突然灯火通明，全场一片欢呼。

那是 1986 年，也是在那一年，我出版了第一本专著《尼采：在世纪的转折点上》，一年内卖出了 10 万册，以及第一本译著《悲剧的诞生——尼采美学文选》，一年内卖出了 15 万册。那时候还没有营销、炒作之类的做法，出版社很谨慎地一点点印，卖完了再加印，这个数字算是很惊人的了。20 世纪 80 年代，中国笼罩着一种氛围，我把它叫作精神浪漫，尼采、弗洛伊德、萨特都是激动人心的名字，谈论他们成了一种时尚。你和女朋友约会，手里没有拿着一本尼采，女朋友会嫌你没文化。

30多年过去了，时代场景发生了巨大的变化。如果说我这一代学人已经从中青年步入了老年，那么，和人相比，时代好像老得更快。当年以思潮为时尚的精神浪漫，已经被以财富为时尚的物质浪漫取代，最有诗意的东西是金钱，绝对轮不上哲学。对于今天的青年来说，那个年代已经成为一个遥远的传说。

不过，我相信，无论在什么时代，青年都是天然的理想主义者，内心都燃烧着精神浪漫的渴望。我今天建议你们读尼采，是怀着一个70岁的青年的心愿，希望你们不做20岁、30岁、40岁的老人。尼采是属于青年人的，我说的青年，不只是指年龄，更是指品格。青年的特点，一是强健的生命，二是高贵的灵魂，尼采是这样的人，我祝愿你们也成为这样的人。

周国平
写于2019年2月
再刊于2024年6月

只有作为一种审美现象,人生和世界才显得是有充足理由的。

——尼采

目 录

译者导言：艺术拯救人生　　　　　　　　1

　　一、关于《悲剧的诞生》　　　　　　　2
　　二、日神和酒神　　　　　　　　　　　8
　　三、悲剧的本质　　　　　　　　　　　14
　　四、艺术形而上学　　　　　　　　　　20
　　五、艺术比真理更有价值　　　　　　　27
　　六、对科学主义世界观的批判　　　　　32

自我批判的尝试　　　　　　　　　　　39

悲剧的诞生　　　　　　　　　　　　　53

　　前言——致理查德·瓦格纳　　　　　　54
　　一、自然本身的二元艺术冲动　　　　　56

二、希腊人身上的二元艺术冲动	63
三、用日神艺术美化生存的必要	68
四、二元冲动的斗争与和解	73
五、抒情诗人的"自我"立足于世界本体	78
六、民歌是语言对音乐的模仿	85
七、对歌队的正确解释	90
八、希腊悲剧如何从歌队中诞生	96
九、埃斯库罗斯和索福克勒斯的主角的酒神本质	104
十、希腊悲剧的主角是经历个体化痛苦的酒神	112
十一、希腊悲剧经由欧里庇得斯走向衰亡	117
十二、希腊悲剧死于"理解然后美"的原则	124
十三、苏格拉底主义的核心是用逻辑否定本能	132
十四、苏格拉底辩证法的乐观主义本质	137
十五、苏格拉底是理论乐观主义者的原型	143
十六、从音乐和酒神精神出发理解悲剧	149
十七、科学精神与悲剧精神的对立	156
十八、科学文化在现代的泛滥及其向悲剧文化转变的征兆	163
十九、德国精神是酒神精神复兴的希望	169
二十、对于酒神精神复活的信念	178
二十一、再论悲剧中日神和酒神的兄弟联盟	182
二十二、只有真正的审美听众才能欣赏悲剧	190
二十三、现代文化失去了神话的家园	195
二十四、对悲剧快感的审美解释和艺术形而上学	200

二十五、酒神呼唤日神进入人生　　205

酒神世界观　　207

一、日神和酒神：希腊艺术的二元源泉　　208
二、日神与酒神：美与真的斗争　　215
三、希腊的悲喜剧艺术：崇高和滑稽　　223
四、感情的传达方式：在酒神节庆中达于顶峰　　230

重要语词译表　　237

译者导言:
艺术拯救人生

一、关于《悲剧的诞生》

《悲剧的诞生》是尼采第一部正式出版的著作，发表于1872年1月。

当时尼采27岁，已在巴塞尔大学当了两年半古典语文学教授。在人们心目中，他年轻有为，在专业领域里前程无量。然而，这本书的出版一下子打破了人们的期望。尼采自己恐怕也没有预料到，他围绕这部处女作精心准备了三年，投入了巨大热情，结果却几乎是自绝于学术界。

其实，尼采是应该预料到的。按照不成文的传统学术规范，一个古典语文学者的职责是对古希腊罗马文献进行学术性的考订和诠释。然而，这本书完全不是这样，相反是越出专业轨道对希腊精神发表了一通惊世骇俗的宏大新论。书出版后，学术界被激怒了，在一段时间里对之保持死一样的沉默。恩师李契尔（Friedrich Ritschl）一向把他视为最得意的弟子，现在也不置一词，而在一封信中哀叹"这真是一个可悲的事件"，并且表示："最使我气愤的是他对哺育他的亲生母亲的不敬,这个母亲就是古典语文学。"[1]

书出版三个月后,沉默终于打破。一个过去在尼采面前毕恭毕敬的年轻人维拉莫维茨(Ulrich von Wilamowitz-möllendorff)出版小册子《未来哲学!驳尼采的〈悲剧的诞生〉》,以激烈的语气抨击尼采不配做学者。他的理由与李契尔如出一辙,就是尼采"亵渎"了古典语文学这位"母亲"。嘲讽地套用尼采在书中对酒神节庆的诗意描绘,他向尼采发出了驱逐令:"我请尼采先生闭上嘴,撑着酒神杖,从印度去希腊,请他离开讲台,在讲台上他本该是从事学术的;请他召集虎豹而不是德国古典语文学的青年学子到他足下……"[2]虽然当时维氏只是一个小人物,但他以捍卫学术的名义发出的攻击代表了整个古典语文学界的共同立场,有着足够的杀伤力。一个直接的结果是,尼采虽然暂时没有离开讲台,但学生们却离开了他的教室,在随后的那个学年中,他只剩下了两个学生,并且都来自外系,没有一个是古典语文学专业的。

事实上,不但当时,而且直到现在,这本书仍然不被古典语文学界承认。正如《校勘研究版尼采全集》编者所指出的:"《悲剧的诞生》发表已经一百年了,但是,从批评史的观点看,这部著作在很大程度上仍然是不可思议的。正统的

---

[1] 转引自 *Friedrich Nietzsche : Chronik in Bildern und Texten.* Carl Hanser Verlag, München-Wien 2000. S.260.(《尼采传记图文版》,Carl Hanser 出版社,慕尼黑 - 维也纳 2000 年,第 260 页。)以下引该书简写为 *Chronik* 2000。

[2] 转引自 *Chronik* 2000,第 266 页。

古典研究把尼采的构想看作不科学的东西，对之保持沉默，不予理睬。"[1]

当然，这不足怪，因为《悲剧的诞生》的确不是一部古典研究领域的学术著作。那么，它是一部美学著作吗？由于这本书的主题是希腊悲剧，人们通常是这样看的。这不算错，不过，如果把美学看作一门学术，它同样是完全不合规范的。即使作为美学著作，它也不是给学者即所谓美学家读的，甚至也不是给对理论有些兴趣的一般艺术家读的。按照尼采自己后来的说明，这是一本为"艺术家的一种例外类型"写的书，这种艺术家"兼有分析和反省的能力"，同时又"受过音乐洗礼、一开始就被共同而又珍贵的艺术体验联结起来"，因而是"艺术上血缘相近的人"。其原因在于，尼采自己的"个人体验"、个人"最内在的经验"对于书中基本思想的形成起了关键作用。[2] 那么，它自然要诉诸有相似体验的人了。用《校勘研究版尼采全集》编者的话说，书中贯穿着"一种被确证的、亲身经历的神秘主义"，因而是尼采最神秘也最难懂的一

---

[1]　《校勘研究版尼采全集》编者后记。*Friedrich Nietzsche, Sämtliche Werke, Kritische Studienausgabe*. Herausgegeben von Giorgio Colli und Mazzino Montinari, Deutscher Taschenbuch Verlage, München 1999. Bd.1, S.901。（《校勘研究版尼采全集》，G．科利、M．蒙梯纳里编，德国袖珍图书出版社，慕尼黑1999年，第1卷，第901页。）以下引该全集缩写为 KSA。

[2]　参看《自我批判的尝试》2、3（本书第42、43页）；《看哪这人》：《悲剧的诞生》2。KSA，第1卷，第13、14页；第6卷，第311页。

部著作。[1]

这本书的最独特之处是对古希腊酒神现象的极端重视。这种现象基本上靠民间口头流传，缺乏文字资料，一向为正宗的古典学术所不屑。尼采却立足于这种不登大雅之堂的现象，把它当作理解高雅的希腊艺术的钥匙，甚至从中提炼出了一种哲学来。正是在理解这种史料无征的神秘现象时，他的内在经验起了重要作用。关于他的这种内在经验，我们不能断定，只能约略估计。据我分析，主要有二，即他自幼形成的对人生的忧思和对音乐的热爱，而在他的青年时代，这二者又分别因为他对叔本华哲学的接受和他与瓦格纳的亲密友谊而得到了加强。从前者出发，他在酒神秘仪中人的纵欲自弃状态中看出了希腊人的悲观主义。但是，和叔本华不同，在他的内在经验中不但有悲观主义，更有对悲观主义的反抗，因而他又在希腊艺术尤其是希腊悲剧中发现了战胜悲观主义的力量。从后者出发，他相信音乐是世界意志的直接表达并具有唤起形象的能力，据此对悲剧起源于萨提儿歌队和酒神颂音乐的过程做出了解释。

然而，无论我们对美学这个概念作何理解，仅仅把这本书看作一部美学著作肯定是不够的。书中显然存在着两个层次，表层是关于希腊艺术的美学讨论，深层是关于生命意义的形而上学思考，后者构成了前者的动机和谜底。因此，把这本书看作一部特殊的哲学著作也许是最恰当的。说它特殊，

---

[1] 《校勘研究版尼采全集》编者后记。KSA，第 1 卷，第 903 页。

是因为它也不同于一般的哲学著作，不是用概念推演出一个体系，而是用象征叙说自己的一种深层体验。其实，尼采自己对此是有自觉的认识的。还在写作这本书时，他就曾经如此描述自己的心境："我生活在一个远离古典语文学的世界里，距离之远怎么想也不会过分……我渐渐沉浸在我的哲学家世界里了，而且很有信心；是的，如果我还应该成为一个诗人，我也已经为此做好准备。"[1]可见他知道自己在创立一种诗性的哲学。后来他也始终认为，他在《悲剧的诞生》中创立了一种新的哲学学说，据此自称是"哲学家狄俄尼索斯的最后一个弟子"[2]和"第一个悲剧哲学家"[3]。

作为一个哲学家，尼采当时主要关注两个问题，一是生命意义的解释，二是现代文化的批判。在《悲剧的诞生》中，这两个问题贯穿全书，前者体现为由酒神现象而理解希腊艺术进而提出为世界和人生作审美辩护的艺术形而上学这一条线索，后者体现为对苏格拉底科学乐观主义的批判这一条线索。当然，这两个问题之间有着内在的联系。根本的问题只有一个，就是如何为本无意义的世界和人生创造出一种最有说服力的意义来。尼采的结论是，由酒神现象和希腊艺术所启示的那种悲剧世界观为我们树立了这一创造的楷模，而希腊悲剧灭亡于苏格拉底主义则表明理性主义世界观是与这一

---

1 转引自 *Chronik* 2000，第 240 页。
2 《偶像的黄昏》：《我感谢古人什么》5。KSA，第 6 卷，第 160 页。
3 《看哪这人》：《悲剧的诞生》3。KSA，第 6 卷，第 312 页。

创造背道而驰的。

综观尼采后来的全部思想发展，我们可以看到，他早期所关注的这两个主要问题始终占据着中心位置，演化出了他的所有最重要的哲学观点。一方面，从热情肯定生命意志的酒神哲学中发展出了权力意志理论和超人学说。另一方面，对苏格拉底主义的批判扩展和深化成了对两千年来以柏拉图的世界二分模式为范型的欧洲整个传统形而上学的批判，对基督教道德的批判，以及对一切价值的重估。尼采自己说："《悲剧的诞生》是我的第一个一切价值的重估：我借此又回到了我的愿望和我的能力由之生长的土地上。"[1] 我们确实应该把他的这第一部著作看作他一生的主要哲学思想的诞生地，从中来发现能够帮助我们正确解读他的后期哲学的密码。

1　《偶像的黄昏》：《我感谢古人什么》5。KSA，第6卷，第160页。

二、日神和酒神

在《悲剧的诞生》中，日神（Apollo）和酒神（Dionysus）——或者日神因素（das Aollonische）和酒神因素（das Dionysische）——是一对核心概念。尼采对于希腊艺术和希腊悲剧的解释，对于艺术形而上学的论述，都是建立在这一对概念的基础上的。

在西方传统美学中，美是一个中心范畴，艺术的本质往往借这一范畴得以说明。尼采发现，单凭美的原则并不能解释诸如音乐、抒情诗、悲剧等艺术种类的本质，也不能解释人的审美需要的根源。所以，有必要在美的原则之外寻找另一个原则，由此提出了日神和酒神二元冲动说。如果说日神相当于美的原则，那么，酒神是与美完全不同，而且比美更为深刻的一个原则。因此，提出酒神原则就不仅仅是对传统美学的一个补充，用日神和酒神的"对立面的斗争"来解释艺术的本质就不仅仅是对这一本质有了更加全面的理解，而是作出了新的不同的解释。

阿波罗是希腊神话中的太阳神，尼采把他的名字用作一个象征性概念，主要是着眼于其语源的含义。"日神……按照其语源，他是'发光者'（der Scheinende），是光明之神，也支配着内在的幻觉世界的美丽外观（Schein）。"[1] 请留心"外观"这个关键词。在德语中，Schein一词兼有光明和外观的含义，而这两种含义又与美产生了一种联系。作为光明之神，阿波罗以其光照使世界呈现美的外观。因此，日神是美的外观之象征。这里要注意的是，日神也是非理性的冲动，不可把日神理解成理性的代表。尼采始终强调，美的外观不属于世界本身，而仅仅属于"内在的幻觉世界"。他给日神的涵义下了一个明确的界定："我们用日神的名字统称美的外观的无数幻觉"。[2]

把狄俄尼索斯用作一种艺术力量的象征，应该说是尼采的首创。在奥林匹斯神话中，掌管音乐和诗歌的阿波罗本来就是一个艺术神，而狄俄尼索斯作为艺术神的身份并不清晰。尼采不是依据正统的奥林匹斯神话，而是依据荷马之后民间酒神秘仪的传说来立论的。这一类秘仪在公元前6世纪或更早的时候从色雷斯传入希腊，一度呈泛滥之势。其内容大致是通过象征性的表演来纪念酒神的受苦、死亡和复活，最后的结果则必定是群情亢奋，狂饮纵欲。尼采从酒神秘仪中看到，希腊人不只是一个迷恋于美的外观的日神民族，他们的天性中还隐藏着另一种更强烈的冲动，就是打破外观的幻觉，破除日常生活的一切界限，摆脱个体化的束缚，回归自然之母永恒生命的怀抱。而且，不仅希腊人如此，这种冲动其实

---

1 《悲剧的诞生》1。KSA，第1卷，第27页。（本书第58页）
2 《悲剧的诞生》25。KSA，第1卷，第155页。（本书第205页）

潜藏在一切人的天性中。尼采用酒神命名这种冲动，认为其本质就在于"个体化原理崩溃之时从人的最内在基础即天性中升起的充满幸福的狂喜"[1]。

"个体化原理"是经院哲学的术语，叔本华首先借用来指康德意义上的先天认识形式，即世界对主体呈现为现象时必有的形式，尼采基本上沿用了这一含义。很显然，这就涉及了本质与现象的世界二分模式。事实上，在尼采的二元冲动说背后是有这个二分模式作为框架的，而这个框架直接来自叔本华的哲学。叔本华认为，世界的本质是意志，那是一种没有意义的盲目的生命冲动。世界一旦进入认识，便对主体呈现为现象，他称之为表象。由于受个体化原理的支配，我们执迷于现象，生出差别心和种种痛苦来。我们应该摆脱个体化原理的束缚，认清意志原是一体，进而认清意志的无意义，自觉地否定生命意志。这就是叔本华的世界解释的梗概。在尼采的世界解释中，酒神代表世界意志本身的冲动，在个体身上表现为摆脱个体化原理回归世界意志的冲动，日神则代表世界意志显现为现象的冲动，在个体身上表现为在个体化原理支配下执着于现象包括一己生命的冲动。在二元冲动中，酒神具有本源性，日神由它派生，其关系正相当于作为意志的世界与作为表象的世界之间的关系。

不过，当尼采按照酒神和日神的精神阐发来自叔本华的世界解释时，他做了一个根本性的改造。他和叔本华的最大

1　《悲剧的诞生》1。KSA，第1卷，第28页。（本书第56页）

区别在于，叔本华虽然认为意志是世界的本质，但对之持完全否定的立场，尼采却把立场转到肯定世界意志上来了。由于这一转变，产生了他在美学上尤其是悲剧观上与叔本华的重大差异，也埋下了后来他在哲学上与叔本华分道扬镳的根源。他之所以会发生这一立场的转变，则又是得益于他对希腊神话和艺术的体会，他从中感受到的是对生命的神化和肯定，于是把这一体会融合进了他的世界解释之中。因此，在叔本华和尼采之间，同一个世界解释模式却包含着相反的世界评价。在叔本华，是从古印度悲观主义哲学出发，意志和表象都是要被否定的。在尼采，则是从神化生命的希腊精神出发，既用日神肯定了表象，又用酒神肯定了意志。

正是立足于上述世界解释，尼采阐明了日神和酒神的不同本质。二者的区别突出地表现在对于个体化原理的相反关系上。日神是"个体化原理的壮丽的神圣形象"，"美化个体化原理的守护神"，"在无意志静观中达到的对个体化世界的辩护"[1]，对个体化原理即世界的现象形式是完全肯定的。相反，在酒神状态中，个体化原理被彻底打破，人向世界的本质回归，尼采用各种方式来称呼这一本质，诸如"存在之母""万物核心""隐藏在个体化原理背后的全能的意志""在一切现象之彼岸的历万劫而长存的永恒生命"等。[2] 简言之，

---

1 《悲剧的诞生》1、16、22。KSA，第1卷，第28、103、140页。（本书第60、150、190页）
2 《悲剧的诞生》16。KSA，第1卷，第103、108页。（本书第155页）

日神是个体的人借外观的幻觉自我肯定的冲动,酒神是个体的人自我否定而复归世界本体的冲动。

既然酒神直接与世界的本质相联系,日神与现象相联系,那么,在两者之中,酒神当然就是本原的因素。"在这里,酒神因素比之于日神因素,显示为永恒的本原的艺术力量,归根到底,是它呼唤整个现象世界进入人生。"[1] 酒神的本原性首先就表现在日神对于它的派生性质。尼采认为,希腊人的辉煌的日神艺术正是"建立在某种隐蔽的痛苦和知识之根基上"的。[2] 一个民族越是领悟世界痛苦的真相,就越是需要用日神的外观来掩盖这个真相,美化人生,以求在宇宙变化之流中夺得现象和个体生命存在的权利。由此可见,是世界的酒神本质决定了日神必须出场,它是被酒神召上人生和艺术的舞台的。酒神的本原性还表现在它的巨大威力上,在一般情形下远非日神能比。从罗马到巴比伦,古代世界各个地区酒神节的癫狂放纵,毫无节制,向兽性退化,就证明了这一点。"无论何处,只要酒神得以通行,日神就遭到扬弃和毁灭。"[3] 但是,正因为此,日神也必不可少,其作用在于抑制和抗衡酒神冲动的破坏力量,"把人从秘仪纵欲的自我毁灭中拔出"[4],把毁灭人生的力量纳入肯定人生的轨道。这正是在希腊人那

---

[1] 《悲剧的诞生》25。KSA,第1卷,第154—155页。(本书第205页)
[2] 《悲剧的诞生》4。KSA,第1卷,第40页。(本书第75页)
[3] 《悲剧的诞生》4。KSA,第1卷,第41页。(本书第76页)
[4] 《悲剧的诞生》21。KSA,第1卷,第137页。(本书第187页)

里发生的情况。尼采之分析希腊酒神现象，有两个关键点，第一是从酒神秘仪和民间酒神节庆中发现了酒神冲动是比日神冲动更为深刻和强大的另一种艺术力量，第二便是从希腊人接纳并且改造酒神崇拜的历史过程中找到了希腊艺术繁荣的原因，他认为即在于二元冲动之间所达成的一种既互相制约又互相促进的恰当关系。一方面，酒神不断地呼唤日神出场，另一方面，日神又不断地通过对酒神的约束把它纳入艺术的轨道。就这样，日神和酒神"相互不断地激发更有力的新生"，"在彼此衔接的不断新生中相互提高"，"无论日神艺术还是酒神艺术，都在日神和酒神的兄弟联盟中达到了自己的最高目的"。[1]

日神和酒神作为两种基本的艺术冲动，表现在不同的层次上，尼采大致是从三个层次来分析的。首先，如上所述，在世界的层次上，酒神与世界的本质相关，日神则与现象相关。其次，在日常生活的层次上，梦是日神状态，醉是酒神状态。最后，在艺术创作的层次上，造型艺术和史诗是日神艺术，音乐是酒神艺术，悲剧和抒情诗求诸日神的形式，但在本质上也是酒神艺术。在《悲剧的诞生》中，分析的重点理所当然地放在了悲剧上。

---

[1] 《悲剧的诞生》1、4、24。KSA，第1卷，第25、41、150页。（本书第57、76、200页）

三、悲剧的本质

悲剧历来被看作艺术的高级形式乃至顶峰，因而成为一个重大的美学课题。然而，在尼采看来，这个题目始终是没有说清楚的。主要难题有二，一是希腊悲剧的起源，二是悲剧快感的实质。不说清这两个问题，也就不能说清悲剧的本质。在领悟到日神和酒神的二元艺术冲动以后，尼采觉得他手中有了一把钥匙，足以使他成为真正解开悲剧之谜的第一人。他如此自述他的欣喜心情："由于认识到那一巨大的对立，我有了一种强烈的冲动，要进一步探索希腊悲剧的本质，从而最深刻地揭示希腊的创造精神。因为我现在才自信掌握了诀窍，可以超出我们的流行美学的套语，亲自领悟到悲剧的原初问题。我借此能够以一种如此与众不同的眼光观察希腊，使我不禁觉得，我们如此自命不凡的古典希腊研究至今大抵只知道欣赏一些浮光掠影的和皮毛的东西。"我们也许可以说，解开悲剧之谜的愿望本来就构成了他创立二元冲动说的潜在动机。他之所以认为以美为中心范畴的传统美学必须根本改造，主要理由就是它不能令人信服地解释悲剧的本质。"从通常依据外观和美的单一范畴来理解的艺术之本质，是不能真正推导出悲剧性的。"[1]事实上，整部《悲剧的诞生》就是围绕着用二元冲动说解释希腊悲剧的本质这个主题展开的。

希腊悲剧通常是以神话为题材的。希腊神话，无论表现为史诗中的叙事，还是雕塑中的形象，都是日神艺术。但是，在悲剧中，神话却焕发出了史诗和雕塑都不具备的悲剧性力量。这种力量从何而来？找到了这个来源，也就找到了悲剧区别于日神神话的本质之所在。尼采的回答是，这种力量来自音乐。根据自己的音乐体验，他接受了叔本华关于音乐是世界意志的直接写照的学说，也断定音乐是"太一的摹本""世界的心声"[2]，因而是最纯粹的酒神艺术。他进一步推测，音乐本身虽然完全是非形象的，但具有产生形象的能力，它的酒神本质要寻求象征表现，而悲剧神话就是其产物。因此，悲剧神话已经完全不同于史诗神话，不再是单纯的美的外观，而是音乐即世界的酒神本质的譬喻性画面。在悲剧中，神话一方面仍起着日神式的作用，用幻景把观赏者和音乐隔开，保护听众免受酒神力量的伤害，另一方面作为譬喻性画面又向听众传达了音乐的酒神意蕴。在悲剧身上，二元冲动达到了完美结合，并在这种结合中把日神艺术和酒神艺术都发展到了极致。正因为如此，悲剧才成为一切艺术的顶峰。

立足于音乐产生譬喻性画面这一重要猜测，尼采对悲剧

---

1 《悲剧的诞生》16。KSA，第1卷，第104、108页。（本书第155页）
2 《悲剧的诞生》5、21。KSA，第1卷，第44、138页。（本书第78、188页）

的起源做出了自己的解释。关于悲剧的起源,亚里士多德在《诗学》第 4 章中已有两点重要的提示:第一,"悲剧起源于酒神颂(Dithurambos)歌队领队的即兴口诵";第二,悲剧的前身是萨提儿剧。[1] 萨提儿是希腊神话中半羊半人形的酒神随从,酒神颂歌队也是由一群扮演萨提儿的队员组成,因而这两点提示是互相联系的。然而,尽管有这两点提示,悲剧起源的问题仍然模糊不清,因为这几乎是人们研究此一问题的全部依据,而对之的解释却莫衷一是。如果说悲剧产生于酒神颂歌队,那么,关键就是怎样解释歌队的作用。按照尼采的解释,悲剧诞生的过程可以分为三个阶段。一开始,连歌队也并不存在,它只是酒神群众的幻觉。酒神节庆时,酒神信徒结队游荡,纵情狂欢,沉浸在某种心情之中,其力量使他们在自己眼前发生了魔变,以致他们在想象中看到自己是自然精灵,是充满原始欲望的酒神随从萨提儿。然后,作为对这一自然现象的艺术模仿,萨提儿歌队产生了,歌队成员扮演萨提儿,担任与酒神群众分开的专门的魔变者。这大约就是最早的萨提儿剧。这时候,舞台世界也还不存在,它只是歌队的幻觉,歌队在兴奋中看到酒神的幻象,用舞蹈、声音、言辞的全部象征手法来谈论这幻象。"酒神,这本来的舞台主角和幻象中心,按照上述观点和传统,在悲剧的最古老时期并非真的在场,而只是被想象为在场。也就是说,悲

---

[1] 亚里士多德《诗学》,陈中梅译,商务印书馆,1996 年 7 月第 1 版,第 48、49 页。

剧本来只是'合唱',而不是'戏剧'。"最后,"才试图把这位神灵作为真人显现出来,使这一幻象及其灿烂的光环可以有目共睹。于是便开始有狭义的'戏剧'。"[1]这样,悲剧诞生的过程便是酒神音乐不断向日神的形象世界迸发的过程。

流传到今天的希腊悲剧,其舞台主角都不是酒神。鉴于亚里士多德强调悲剧的酒神起源,据说这种不吻合在古希腊时期就已经引起人们的诧异了。尼采对此提出了一种解释。既然酒神颂的内容皆是叙述酒神的经历,那么,我们完全可以推想,由酒神颂发展来的希腊悲剧在其最古老的形态中都仅仅以酒神的受苦为题材,亲自经历个体化痛苦的酒神一直是悲剧唯一的舞台形象。后来,题材逐渐扩展,神话中的其他英雄和神灵也登上了舞台。但是,尼采认为,在欧里庇得斯之前,悲剧舞台上的一切著名角色,如埃斯库罗斯笔下的普罗米修斯、索福克勒斯笔下的俄狄浦斯等,都是从酒神脱胎而来的,实质上都只是这位最初主角的面具和化身。无论是俄狄浦斯之破解自然的斯芬克斯之谜,还是普罗米修斯之盗火,都意味着试图摆脱个体化的界限而成为世界生灵本身,因而就必须亲身经受原始冲突的苦难。[2]所以,在根源上,都可以追溯到酒神群众和酒神歌队的幻觉。

要阐明悲剧的本质,另一个关键问题是如何解释悲剧快感的实质。悲剧所表演的是不幸和灾祸,为何还能使我们产

---

1 《悲剧的诞生》8。KSA,第1卷,第59—63页。(本书第101页)
2 参看《悲剧的诞生》9、10。

生欣赏的快乐？这一直是美学史上的一个难题。尼采认为，自亚里士多德以来，人们都陷在非审美领域内寻找答案，诸如怜悯和恐惧的渲泄、世界道德秩序的胜利等，从未提出过一种真正审美的解释。尼采自己提出的解释，概括地说，便是悲剧的审美快感来自一种"形而上的慰藉"。我们可以分三个层次来理解他所说的意思。第一，悲剧中的人物形象无论多么光辉生动，仍然只是现象。悲剧把个体的毁灭表演给我们看，以此引导我们离开现象而回归世界本质，获得一种与世界意志合为一体的神秘陶醉。因此，悲剧快感实质上是酒神冲动的满足。[1] 第二，与叔本华之断定生命意志的虚幻性相反，尼采强调世界意志的"永恒生命"性质。因此，与世界意志合为一体也就是与宇宙永恒生命合为一体，成为这永恒生命本身，所感受到的是世界意志"不可遏止的生存欲望和生存快乐"。正是在这个意义上，尼采说："每部真正的悲剧都用一种形而上的慰藉来解脱我们：不管现象如何变化，事物基础之中的生命仍是坚不可摧和充满欢乐的。"[2] 第三，为了使"形而上的慰藉"成其为审美解释，尼采进一步把悲剧所显示给我们的那个永恒生命世界艺术化，用审美的眼光来看本无意义的世界永恒生成变化的过程，赋予它一种审美的意义。我们不妨把世界看作一位"酒神的宇宙艺术家"或"世

---

[1] 参看《悲剧的诞生》8、16、22、24。KSA，第1卷，第62、108、140—141、151页。

[2] 参看《悲剧的诞生》8、16、17、7。KSA，第1卷，第56、59、108、109页。（本书第94页）

界原始艺术家"[1]，站在他的立场上来看待他不断创造又毁灭个体世界的过程，把这看作他"借以自娱的一种审美游戏"，这样就能体会到一种真正的审美快乐了。[2]

---

1 《悲剧的诞生》1、5。KSA，第1卷，第30、48页。
2 参看《悲剧的诞生》22、24。KSA，第1卷，第141—142、152—153页。

四、艺术形而上学

在《悲剧的诞生》中，尼采明确赋予艺术以形而上意义，谈到"至深至广形而上意义上的艺术""艺术的形而上美化目的"等，他把对于艺术的这样一种哲学立场称作"艺术形而上学"或"审美形而上学"。[1] 十四年后，在为《悲剧的诞生》再版写的《自我批判的尝试》一文中，他又称之为"艺术家的形而上学"，并说明其宗旨在于"对世界的纯粹审美的理解和辩护"。[2]

艺术形而上学可以用两个互相关联的命题来表述：

其一："艺术是生命的最高使命和生命本来的形而上活动"。[3]

其二："只有作为一种审美现象，人生和世界才显得是有

---

[1] 《悲剧的诞生》15、24、5。KSA，第1卷，第97、151、152、43页。（本书第143、202、200、80页）

[2] 《自我批判的尝试》2、5。KSA，第1卷，第17、18页。（本书第42、47页）

[3] 《悲剧的诞生》前言。KSA，第1卷，第24页。（本书第54页）

充足理由的。"[1]

在这里,第二个命题实际上隐含着一个前提,便是人生和世界是有缺陷的,不圆满的,就其本身而言是没有充足理由的,而且从任何别的方面都不能为之辩护。因此,审美的辩护成了唯一可取的选择。第一个命题中的"最高使命"和"形而上活动",就是指要为世界和人生作根本的辩护,为之提供充足理由。这个命题强调,艺术能够承担这一使命,因为生命原本就是把艺术作为自己的形而上活动产生出来的。

由此可见,艺术形而上学的提出,乃是基于人生和世界缺乏形而上意义的事实。叔本华认为,世界是盲目的意志,人生是这意志的现象,二者均无意义,他得出了否定世界和人生的结论。尼采也承认世界和人生本无意义,但他认为,我们可以通过艺术赋予它们一种意义,借此来肯定世界和人生。

尼采认为,对于人生本质上的虚无性的认识,很容易使人们走向两个极端。一是禁欲和厌世,像印度佛教那样。另一是极端世俗化,政治冲动横行,或沉湎于官能享乐,如帝国时期罗马人之所为。"处在印度和罗马之间,受到两者的诱惑而不得不作出抉择,希腊人居然在一种古典的纯粹中发明了第三种方式",这就是用艺术,尤其是悲剧艺术的伟大力量

---

[1] 《悲剧的诞生》24。KSA,第1卷,第152、47页。(本书第200页)

激发全民族的生机。[1]"艺术拯救他们,生命则通过艺术拯救他们而自救。"[2] 这是人类历史上独一无二的榜样。

在日神艺术和酒神艺术中,艺术拯救人生的使命通过不同的方式实现,或者说,艺术形而上学表现为不同的形式。在日神艺术中,是用美来神化人生。在酒神艺术中,是用酒神世界观来为世界和人生辩护。

推崇希腊古典艺术是从文克尔曼、莱辛、赫尔德到歌德、席勒、黑格尔整整一代德国思想家的传统。在尼采之前,人们往往用人与自然、理性与感性的和谐界定古希腊的人性和艺术,解释希腊艺术之能够达于完美性和典范性的原因。文克尔曼的著名概括"高贵的单纯和静穆的伟大"被普遍接受,成了赞美希腊艺术时出现频率最高的语汇。尼采认为,德国启蒙运动的这一类解释"未能深入希腊精神的核心","不能打开通向希腊魔山的魔门"。[3] 他对希腊人性和艺术提出了一种完全不同于启蒙运动传统的解释:希腊艺术的繁荣不是缘于希腊人内心的和谐,相反是缘于他们内心的痛苦和冲突,而这种内心的痛苦和冲突又是对世界意志的永恒痛苦和冲突的敏锐感应与深刻认识。正因为希腊人过于看清了人生在本质上的悲剧性质,所以他们才迫切地要用艺术来拯救人生,于

---

1 参看《悲剧的诞生》21。KSA,第1卷,第133—134页。(本书第184页)
2 《悲剧的诞生》7。KSA,第1卷,第56页。(本书第90页)
3 《悲剧的诞生》20。KSA,第1卷,第129、131页。(本书第178、180页)

是有了最辉煌的艺术创造。

我们正应该用这样的眼光来重新认识奥林匹斯神话。"希腊人知道并且感觉到生存的恐怖和可怕,为了能够活下去,他们必须在它前面安排奥林匹斯众神的光辉梦境之诞生……这个民族如此敏感,其欲望如此热烈,如此特别容易痛苦,如果人生不是被一种更高的光辉所普照,在他们的众神身上显示给他们,他们能有什么旁的办法忍受这人生呢?……众神就这样为人的生活辩护,其方式是他们自己来过同一种生活"。[1] 一方面有极其强烈的生命欲望,另一方面对生存的痛苦有极其深刻的感悟,这一冲突构成了希腊民族的鲜明特征。正是这一冲突推动希腊人向艺术寻求救助,促成了奥林匹斯世界的诞生。强烈的生命欲望和深刻的痛苦意识虽然构成了冲突,但同时也形成了抗衡。相反,一个民族如果只有前者没有后者,就会像罗马人那样走向享乐主义,如果只有后者没有前者,就会像印度人那样走向悲观主义。艺术所起的作用是双重的,既阻止了痛苦意识走向悲观厌世,又把生命欲望引入了审美的轨道。"我们不妨设想一下不协和音化身为人——否则人是什么呢?——那么,这个不协和音为了能够生存,就需要一种壮丽的幻觉,以美的面纱遮住它自己的本来面目。这就是日神的真正艺术目的。"[2]

---

1 《悲剧的诞生》3。KSA,第1卷,第35—36页。(本书第70—71页)
2 《悲剧的诞生》25。KSA,第1卷,第155页。(本书第205页)

希腊神话真正达到了生命的神化和肯定。"这里只有一种丰满的乃至凯旋的生存向我们说话,在这个生存之中,一切存在物不论善恶都被尊崇为神"。别的宗教,包括佛教、基督教,所宣扬的都是道德、义务、苦行、修身、圣洁、空灵等等,希腊神话却丝毫不会使我们想起这些东西,而只会使我们领略到一种充实的生命感觉。在此意义上,尼采把希腊神话称作"生命宗教"。[1]

日神艺术用美神化生命,使我们对生命产生一种信仰,这是艺术形而上学的一个方面。艺术形而上学另一个更重要的方面是从酒神现象和悲剧艺术中提升出来的一种哲学,对世界的一种新的解释,尼采名之为"酒神精神""酒神世界观"或"悲剧世界观"。[2] 其内容大致和尼采对悲剧快感的分析相同,主要包含三层意思:第一,由个体化的解除而认识万物本是一体的真理,回归世界意志,重建人与人之间、人与自然之间的统一;第二,进而认识到世界意志是坚不可摧和充满欢乐的永恒生命,领会其永远创造的快乐,并且把个体的痛苦和毁灭当作创造的必有部分加以肯定;第三,再进而用审美的眼光去看世界意志的创造活动,把它想象为一个宇宙艺术家,把我们的人生想象为它的作品,以此来为人生辩护。

酒神世界观是对世界的一种新的解释,新就新在重新解

---

[1] 《悲剧的诞生》3,《酒神世界观》2。KSA,第1卷,第34—35、559页。(本书第69、216页)

[2] 参看《悲剧的诞生》17、19。KSA,第1卷,第111、114、126、127页。

释了叔本华哲学中的那个作为意志的世界。在叔本华那里，世界意志是徒劳挣扎的盲目力量，在尼采这里变成了生生不息的创造力量。事实上，他们用意志这个概念所喻指的仍是同一个东西，即宇宙间那个永恒的生成变化过程，那个不断产生又不断毁灭个体生命的过程。真正改变了的是对这个过程的评价，是看这个过程的眼光和立场。因为产生了又毁灭掉，叔本华就视其为生命意志虚幻的证据。因为毁灭了又不断重新产生出来，尼采就视其为生命意志充沛的证据。由于这一眼光的变化，痛苦的性质也改变了。在叔本华那里，痛苦源自意志自身的盲目、徒劳和虚幻，因而是不可救赎的，快乐只是现象。尼采把这个关系颠倒了过来，痛苦被看成了意志在快乐的创造活动中的必要条件和副产品，因而本身就是应该予以肯定的。由此也产生了两人在悲剧观上的根本分歧。叔本华认为，悲剧把个体生命的痛苦和毁灭显示给人看，其作用就是使人看穿生命意志的虚幻性，从而放弃生命意志，所以悲剧是"意志的清静剂"。尼采却认为，悲剧不但没有因为痛苦和毁灭而否定生命，相反为了肯定生命而肯定痛苦和毁灭，把人生连同其缺陷都神化了，所以称得上是对人生的"更高的神化"，造就了"生存的一种更高可能性"[1]，是"肯定生命的最高艺术"[2]。

从艺术形而上学的角度来看，二元冲动理论真正要解决

---

1 《酒神世界观》3。KSA，第1卷，第571页。（本书第229页）
2 《看哪这人》:《悲剧的诞生》4。KSA，第6卷，第313页。

的就不只是艺术问题，更是人生问题。日神精神沉湎于外观的幻觉，反对追究本体，酒神精神却要破除外观的幻觉，与本体沟通融合。前者迷恋瞬时，后者向往永恒。前者用美的面纱遮盖人生的悲剧面目，后者揭开面纱，直视人生悲剧。前者教人不放弃人生的欢乐，后者教人不回避人生的痛苦。前者执着人生，后者超脱人生。日神精神的潜台词是：就算人生是个梦，我们要有滋有味地做这个梦，不要失掉了梦的情致和乐趣。酒神精神的潜台词是：就算人生是幕悲剧，我们也要有声有色地演这幕悲剧，不要失掉了悲剧的壮丽和快慰。二者综合起来，便是尼采所提倡的审美人生态度。

五、艺术比真理更有价值

艺术形而上学的基本内涵是对世界和人生作审美的辩护，对于这个基本内涵，尼采始终是肯定的。但是，后来，他越来越不满意他当时用来表达这个基本内涵的形而上学框架了。在《自我批判的尝试》中，他批评自己当时"试图用叔本华和康德的公式去表达与他们的精神和趣味截然相反的异样而新颖的价值估价"。[1] 所谓"叔本华和康德的公式"，是指现象与自在之物、表象与意志的世界二分模式。在《看哪这人》中，他更加严厉地谴责自己的这部早期著作"散发着令人厌恶的黑格尔气味"，使用了黑格尔式的正题、反题、合题的逻辑推演程序："一种'理念'——酒神因素与日神因素的对立——被阐释为形而上学；历史本身被看作这种'理念'的展开；这一对立在悲剧中被扬弃而归于统一"。[2]

形而上学的实质在于本体界和现象界的二分模式。我们在《悲剧的诞生》中确实看到，尼采对于世界二元冲动和艺

---

[1] 《自我批判的尝试》6。KSA，第1卷，第19页。（本书第48页）
[2] 《看哪这人》：《悲剧的诞生》1。KSA，第6卷，第310页。

术形而上学的阐述都是在这个模式的框架中展开的。然而，有必要弄清的是，这个框架只是一个框架呢，还是有实质性内容的？或者说，"艺术形而上学"究竟还是不是传统意义上的形而上学？

在二十世纪八十年代后期遗稿中，尼采自己对此有一个提示："人们在这本书的背景中遇到的作品构思异常阴郁和令人不快，在迄今为人所知的悲观主义类型里似乎还没有够得上这般阴郁程度的。这里缺少一个真实的世界与一个虚假的世界的对比，只有一个世界，这个世界虚伪，残酷，矛盾，有诱惑力，无意义……这样一个世界是真实的世界。为了战胜这样的现实和这样的'真理'，也就是说，为了生存，我们需要谎言……为了生活而需要谎言，这本身是人生的一个既可怕又可疑的特征。""形而上学，道德，宗教，科学，这一切在这本书中都仅仅被看作谎言的不同形式，人们借助于它们而相信生命。"[1]值得注意的是两点：一、作为《悲剧的诞生》的背景的是一种最阴郁的悲观主义，即认为并不存在本体界和现象界的区分，只存在一个真实的无意义的世界；二、在《悲剧的诞生》中，艺术仅被看作帮助我们战胜这个残酷"真理"以信仰生命的"谎言"。

这是否尼采对自己的早期思想的故意误解呢？应该说不是，他至多只是把《悲剧的诞生》时期约略透露过的思想用

---

1 《权力意志》853。Friedrich Nietzsche. Der Wille zur Macht. Tübingen 1952. 第575—576页。以下引该书缩写为WM。

最直截了当的方式表达了出来。当时他已经谈到美与真理之间的对立：酒神冲动所创造的神灵们"对美不感兴趣"，"它们与真理同源……直观它们会使人成为化石，人如何能借之生活？"而诉诸美和适度的日神文化的"至深目的诚然只能是掩盖真理"。[1] 他还谈到："艺术家的生成之快乐，反抗一切灾难的艺术创作之喜悦，毋宁说只是倒映在黑暗苦海上的一片灿烂的云天幻景罢了。"说得最明白的是这一段话："这是一种永恒的现象：贪婪的意志总是能找到一种手段，凭借笼罩万物的幻象，把它的造物拘留在人生中，迫使他们生存下去。一种人被苏格拉底式的求知欲束缚住，妄想知识可以治愈生存的永恒创伤；另一种人被眼前飘展的诱人的艺术美之幻幕包围住；第三种人求助于形而上的慰藉，相信永恒生命在现象的旋涡下川流不息……我们所谓文化的一切，就是由这些兴奋剂组成的。按照调配的比例，主要的是苏格拉底文化，或艺术文化，或悲剧文化。"[2] 我们清楚地看到，即使在当时，尼采内心其实并不真正相信一切形而上学，包括艺术形而上学。"在现象的旋涡下"并不存在川流不息的"永恒生命"，存在的只是"黑暗苦海"，那无意义的永恒生成变化过程，而我们的生命连同我们生活于其中的整个现实世界也属于这个过程。我们因此需要科学、日神艺术、酒神艺术、形

---

1 《酒神世界观》2。KSA，第1卷，第562、564页。（本书第219、221页）
2 《悲剧的诞生》3、9、18。KSA，第1卷，第37、68、115—116页。（本书第108、163页）

而上学、宗教，它们是幻象和兴奋剂——也就是谎言——的不同形式，其作用是诱使我们生活下去。

这里涉及一个重要问题，即艺术与真理的关系问题。许多哲学家都曾讨论艺术与真理的关系问题，不过，我们要注意，尼采所说的真理和一切站在传统形而上学立场上的哲学家所说的真理是有完全不同的含义的。柏拉图最早提出艺术与真理相对立的论点，立足点恰与尼采相反。柏拉图认为，理念世界是真实的世界，经验世界不过是它的影子和模仿，艺术又是影子的影子，模仿的模仿。所以，相对于真理而言，艺术最无价值。他所说的真理是指理念世界。尼采彻底否认了理念世界的存在，在他看来，只存在一个世界，虽然他沿用叔本华的术语称之为世界意志，但实际上指的就是那个永恒生成变化的宇宙过程，这个过程本身是绝对无意义的，因为并无一个不变的精神性实体作为它的意义源泉。他所说的真理就是对这个过程的认识，不过这个过程其实是永远不可能成为我们认识的对象的，因此，确切地说，是对这个过程以及属于这个过程的我们的人生之无意义性的某种令人惊恐的意识。在这种意识的支配下，我们当然是无法生活的，于是需要艺术的拯救。

后来，尼采正是从这个角度来解释《悲剧的诞生》中的艺术形而上学的。他说："人们看到，在这本书里，悲观主义，我们更明确的表述叫虚无主义，是被看作'真理'的。但是，真理并非被看作最高的价值标准，更不用说最高的权力了。求外观、求幻想、求欺骗、求生成和变化（求客观的欺骗）的意志，在这里被看得比求真理、求现实、求存在的意志更深刻，更本原，'更形而上学'，后者纯粹是求幻想的意志的一个形式。""这样，这本书甚至是反悲观主义的，即在这个意义上：它教导了某种比悲观主义更有力、比真理'更神圣'的东西——艺术……艺术比真理更有价值。"[1]

归根到底，生命是根本的尺度，尼采是用这个尺度来衡量艺术的价值，并且赋予它以形而上学的意义的。虽然他把科学也看作"谎言"，但是，用生命的眼光看，"谎言"和"谎言"的价值并不相同，据此他在《悲剧的诞生》中对科学主义世界观进行了批判。

---

[1] 《权力意志》853。WM，第577—578页。

六、对科学主义世界观的批判

尼采在《悲剧的诞生》中宣布:"我们今日称作文化、教育、文明的一切,总有一天要被带到公正的法官酒神面前。"[1]事实上,在此书中,这位法官已经在判案了,尼采已经开始他一生所致力的现代文化批判了。当时批判的矛头指向一种以理性至上、知识万能为基本信念的世界观,他称之为"科学乐观主义""科学精神""理论乐观主义""理论世界观"等,认为这样一种世界观是导致现代文化危机的重要根源,并认定苏格拉底是其始祖和原型。

尼采是通过对悲剧灭亡原因的分析引出这个话题的。据他分析,悲剧在欧里庇得斯手上走向了灭亡,欧里庇得斯用"理性主义方法"从事悲剧创作,用冷静的思考取代酒神的陶醉,所奉行的最高审美原则是"理解然后美",而这个原则其实只是他的密友苏格拉底的"知识即美德"原则在戏剧中的应用。

按照尼采的描述,苏格拉底是"一种在他之前闻所未闻

1　《悲剧的诞生》19。KSA,第1卷,第128页。(本书第177页)

的生活方式即理论家的典型"[1]，其最显著的特征是逻辑天性过度发达，用逻辑取代和否定本能。这个新典型的出现开启了一种新的世界观，尼采给它下了一个简明的定义："我把科学精神理解为最早显现于苏格拉底人格之中的那种对于自然界之可以追根究底和知识之普遍造福能力的信念。"[2] 亦即对理性、逻辑、科学、知识的迷信，相信凭借理性的力量，一方面可以穷究世界的真相和万物的本性，另一方面可以指导和造福人生。自苏格拉底之后，科学主义世界观迅速战胜了由神话、希腊悲剧、前苏格拉底哲学所代表的审美世界观，在欧洲思想中取得了长久的支配地位。

科学主义世界观的核心是一种"形而上学妄念"，即坚信"思想循着因果律的线索可以直达存在至深的深渊"，凭借逻辑可以把握世界的本质。由于这个妄念的支配，在人类能力的评估上，无限夸大理性能力的价值，"概念、判断和推理的逻辑程序被尊崇为在其他一切能力之上的最高级的活动和最堪赞叹的天赋"；在人类使命的定位上，无限抬高知识的地位，追求真知被视为"人类最高的甚至唯一的真正使命"。尤其从文艺复兴以来，"由于求知欲的泛滥，一张普遍的思想之网笼罩全球"，建立起了"现代高得吓人的知识金字塔"。[3] 这种情况在现代达到了顶点："把具备最高知识能力、为科学效

---

[1] 《悲剧的诞生》15。KSA，第1卷，第98页。（本书第144页）
[2] 《悲剧的诞生》17。KSA，第1卷，第111页。（本书第158页）
[3] 《悲剧的诞生》15。KSA，第1卷，第99—101页。（本书第146—147页）

劳的理论家视为理想……我们的一切教育方法究其根源都以这一理想为目的，其余种种生活只能艰难地偶尔露头，仿佛是一些不合本意的生活。"[1]

希腊人的世界观之发生由艺术向科学的转折，大背景是神话的衰亡。尼采十分重视神话对于一个民族的生存状态和文化品质的意义。在他看来，一方面，作为"民族早期生活的无意识形而上学"，神话给民族和个人的生活"打上永恒的印记"，借此而在某种意义上超越时间，显示了"对生命的真正意义即形而上意义的无意识的内在信念"。另一方面，神话又是一个民族的文化的天然土壤和有机纽带，"唯有一种用神话调整的视野，才把全部文化运动规束为统一体。"因此，一个民族一旦毁弃神话的家园，"开始历史地理解自己"，其生存就会出现"一种断然的世俗倾向"，其文化也会"丧失健康的天然创造力"。[2] 这正是苏格拉底时代希腊人的情形。

事实上，无论在哪个民族，神话的衰亡都有其必然性。尼采对此并不否认，但是，他认为，在希腊神话衰亡的过程中，悲剧曾是挽救民族形而上学信念的最后努力，这个努力终于失败，责任在苏格拉底所开启的科学主义世界观。随着神话的逐步衰亡，世界和人生在本质上的无意义性暴露在人们眼前了。对于这种无意义性，悲剧是勇于正视的，并为之

---

1   《悲剧的诞生》18。KSA，第1卷，第116页。（本书第164页）
2   《悲剧的诞生》23。KSA，第1卷，第145、147—148页。（本书第196—199页）

寻求艺术的拯救。相反，科学却用一种浅薄的乐观主义回避这个根本难题，其手段一是用抽象逻辑冒充对世界和人生的本质的认识，二是用枝节问题的解决取代世界和人生的根本问题的解决，"把个人引诱到可以解决的任务这个最狭窄的范围内"[1]。前者使人热衷于逻辑，后者使人局限于经验，共同的结果是逃避那个逻辑和经验都不能触及的形而上领域。

科学主义世界观的支配产生了极其严重的后果。在生存状态上，由于回避人生根本问题，"用概念指导人生"，使现代人的生存具有一种"抽象性质"，浮在人生的表面，灵魂空虚，无家可归。[2] 灵魂空虚的另一面便是欲望膨胀，到处蔓延一种"可怕的世俗倾向"，一种"挤入别人宴席的贪馋"，一种"对于当下的轻浮崇拜"。[3] 人们急切地追求尘世幸福，这"已经使整个社会直至于最低层腐败，社会因沸腾的欲望而惶惶不可终日"。[4]

现代人的这种生存状态必然反映到文化上，其表现是精神上的贫困和知识上的贪婪。现代文化的典型特征是丧失了原创力，于是只好用知识来填充自身。用以填充的知识，首先是过去时代的文化。学术上是如此："如今，这里站立着失去神话的人，他永远饥肠辘辘，向过去一切时代挖掘着，翻

---

[1] 《悲剧的诞生》17。KSA，第1卷，第115页。（本书第162页）
[2] 参看《悲剧的诞生》24。KSA，第1卷，第153页。
[3] 《悲剧的诞生》23。KSA，第1卷，第148—149页。（本书第199页）
[4] 《悲剧的诞生》18。KSA，第1卷，第117页。（本书第165页）

寻着，寻找自己的根，哪怕必须向最遥远的古代挖掘。贪得无厌的现代文化的巨大历史兴趣，对无数其他文化的搜集汇拢，竭泽而渔的求知欲……人们不妨自问，这种文化的如此狂热不安的亢奋，倘若不是饥馑者的急不可待，饥不择食，又是什么？"[1]艺术上也是如此："现代艺术暴露了这种普遍的贫困：人们徒劳地模仿一切伟大创造的时代和天才，徒劳地搜集全部'世界文学'放在现代人周围以安慰他，把他置于历代艺术风格和艺术家中间，使他得以像亚当给动物命名一样给他们命名；可是，他仍然是一个永远的饥饿者，一个心力交瘁的'批评家'，一个亚历山大图书馆式人物，一个骨子里的图书管理员和校对员，可怜被书上尘埃和印刷错误弄得失明。"[2]

用以填充的知识，其次是当下的信息。尼采相当前瞻性地揭示了大众媒体支配现代文化的趋势，他指出："'新闻记者'这种被岁月奴役的纸糊奴隶在一切文化问题上都战胜了高级教师"[3]；"批评家支配着剧场和音乐会，记者支配着学校，报刊支配着社会"。"大学生、中小学生乃至最清白无辜的妇女，已经不知不觉地从教育和报刊中养成了对艺术品的同样理解力。"由于媒体的支配，"艺术沦为茶余饭后的谈资"，"结

---

1 《悲剧的诞生》23。KSA，第1卷，第145—146页。（本书第196页）

2 《悲剧的诞生》18。KSA，第1卷，第119—120页。（本书第168页）

3 《悲剧的诞生》20。KSA，第1卷，第130页。（本书第179页）

果,没有一个时代,人们对艺术谈论得如此之多,而尊重得如此之少"。[1]

出路何在?尼采寄希望于悲剧世界观的复兴,不过他很快就失望了。我们看到,直到今天,他所描述的现代人的生存状态和文化状态仍是基本的事实。

2003年3月

---

[1] 《悲剧的诞生》22。KSA,第1卷,第144页。(本书第194页)

自我批判的尝试[1]

1　Versuch einer Selbstkritik. 本文是尼采为《悲剧的诞生》1886 年版写的序。

一

　　这本成问题的书究竟缘何而写，这无疑是一个头等的、饶有趣味的问题，并且还是一个深刻的个人问题——证据是它写于激动人心的1870—1871年普法战争时期，但它又是**不顾**这个时期而写出的。正当沃尔特（Woerth）战役的炮声震撼欧洲之际，这本书的作者，一个沉思者和谜语爱好者，却安坐在阿尔卑斯山的一隅，潜心思索和猜谜，结果既黯然神伤，又心旷神怡，记下了他关于**希腊人**的思绪——这本奇特而艰难的书的核心，现在这篇序（或后记）便是为之而写的。几个星期后，他身在梅斯（Metz）城下，仍然放不开他对希腊人和希腊艺术的所谓"乐天"的疑问；直到最后，在最紧张的那一个月，凡尔赛和谈正在进行之际，他也和自己达成了和解，渐渐从一种由战场带回的疾病中痊愈，相信自己可以动手写《悲剧从**音乐**精神中的诞生》一书了。——从音乐中？音乐与悲剧？希腊人与悲剧音乐？希腊人与悲观主义艺术作品？人类迄今为止最健全、最优美、最令人羡慕、最富于人生魅力的种族，这些希腊人——怎么？偏偏他们**必须**有悲剧？而且——必须有艺术？希腊艺术究竟何为？……

　　令人深思的是，关于生存价值的重大疑问在这里究竟被置于何种地位。悲观主义**一定**是衰退、堕落、失败的标志，疲惫而羸弱的本能的标志吗？——在印度人那里，显然还有在我们"现代"人和欧洲人这里，它确实是的。可有一种**强者**的悲观主义？一种出于幸福，出于过度的健康，出于生存的**充实**，而对于生存中艰难、恐怖、邪恶、可疑事物的理智的偏爱？也许竟有一种因过于充实而生的痛苦？一种目光炯炯但求一试的勇敢，**渴求**可怕事物犹如渴求敌手，渴求像样的敌手，以便考验一下自己的力量，领教一下什么叫"害怕"？在希腊最美好、最强大、最勇敢的时代，**悲剧神话意味着什么**？伟大的酒神现象意味着什么？悲剧是从中诞生的吗？另一方面，悲剧毁灭于道德的苏格拉底主义、辩证法、理论家的自满和乐观吗？——怎么，这苏格拉底主义不会是衰退、疲惫、疾病以及本能错乱解体的征象吗？后期希腊精神的"希腊的乐天"不会只是一种回光返照吗？**反**悲观主义的伊壁鸠鲁意志不会只是一种受苦人的谨慎吗？甚至科学，我们的科学——是的，全部科学，作为生命的象征来看，究竟意味着什么呢？全部科学向何处去，更糟的是，**从何而来**？怎么，科学精神也许只是对悲观主义的一种惧怕和逃避？对**真理**的一种巧妙的防卫？用道德术语说，是类似于怯懦和虚伪的东西？用非道德术语说，是一种机灵？哦，苏格拉底，苏格拉底，莫非这便是你的秘密？哦，神秘的冷嘲者，莫非这便是你的——冷嘲？

二

当时我要抓住的是某种可怕而危险的东西，是一个带角的问题，倒未必是一头公牛，但无论如何是一个**新**问题。今天我不妨说，它就是**科学**本身的问题——科学第一次被视为成问题的、可疑的东西了。然而，这本血气方刚、大胆怀疑的书，其任务原不适合于一个青年人，又是一本多么**不可思议的书**！它出自纯粹早期的极不成熟的个人体验，这些体验全都艰难地想要得到表达；它立足在**艺术**的基础上——因为科学问题不可能在科学的基础上被认识。也许是一本为那些兼有分析和反省能力的艺术家写的书（即为艺术家的一种例外类型，人们必须寻找、但未尝乐意寻找这种类型……），充满心理学的新见和艺术家的奥秘，有一种艺术家的形而上学为其背景，一部充满青年人的勇气和青年人的忧伤的青年之作，即使在似乎折服于一个权威并表现出真诚敬意的地方，也仍然毫不盲从，傲然独立。简言之，尽管它的问题是古老的，尽管它患有青年人的种种毛病，尤其是"过于冗长""咄咄逼人"，但它仍是一本首创之作，哪怕是从这个词的种种贬义上说。另一方面，从它产生的效果来看（特别是在伟大艺术家理查德·瓦格纳身上，这本书就是为他而写的），又是一本**得到了证明的**书，我的意思是说，它是一本至少使"当时最优秀的人物"满意的书。因此之故，它即已应该得到重视和静默；但尽管如此，我也完全不想隐瞒，现在我觉得它多么不顺眼，事隔十六年后，它现在在我眼中是多么陌生，——而这双眼睛对于这本大胆的书首次着手的任务是仍然不陌生的，这任务就是：**用艺术家的眼光考察科学，又用人生的眼光考察艺术**……

三

再说一遍,现在我觉得,它是一本不可思议的书,——我是说,它写得很糟,笨拙,艰苦,耽于想象,印象纷乱,好动感情,有些地方甜蜜得有女儿气,节奏不统一,无意于逻辑的清晰性,过于自信而轻视证明,甚至不相信证明的**正当性**,宛如写给知己看的书,宛如奏给受过音乐洗礼、一开始就被共同而又珍贵的艺术体验联结起来的人们听的"音乐",宛如为艺术上血缘相近的人准备的识别标记,——一本傲慢而狂热的书,从第一页起就与"有教养"的芸芸众生(Profanum Vulgus)无缘,更甚于与"民众"无缘,但如同它的效果业已证明并且仍在证明的那样,它又必定善于寻求它的共鸣者,引他们走上新的幽径和舞场。无论如何,在这里说话的——人们的好奇以及反感都供认了这一点——是一个**陌生的**声音,是一位"尚不认识的神"的信徒,他暂时藏身在学者帽之下,在德国人的笨重和辩证的乏味之下,甚至在瓦格纳之徒的恶劣举止之下;这里有一颗怀着异样的、莫名的需要的灵魂,有一种充满疑问、体验、隐秘的回忆,其中还要添上狄俄尼索斯的名字,如同添上一个问号;在这里倾诉的——人们疑惧地自言自语道——是一颗神秘的、近乎酒神女祭司的灵魂一类的东西,它异常艰难,不由自主,几乎决定不了它要表达自己还是隐匿自己,仿佛在用别人的舌头讷讷而言。这"新的灵魂"本应当**歌唱**,而不是说话!我没有勇气像诗人那样,唱出我当时想说的东西,这是多么遗憾,我本来也许能够这样做的！或者，至少像语言学家那样，——然而，在这个领域中，对语言学家来说，差不多一切事物仍然有待于揭示和发掘！特别是这个问题，这里提出一个问题，——而只要我们没有回答"什么是酒神因素"这个问题，希腊人就始终全然是未被理解和不可想象的……

四

是的，什么是酒神精神？——这本书提出了一个答案——在书中说话的是一个"知者"，是这位神灵的知己和信徒。也许我现在会更加审慎、更加谦虚地谈论像希腊悲剧的起源这样一个困难的心理学问题。根本问题是希腊人对待痛苦的态度，他们的敏感程度，——这种态度是一成不变的，还是有所变化的？——是这个问题：他们愈来愈强烈的**对于美的渴求**，对于节庆、快乐、新的崇拜的渴求，实际上是否生自欠缺、匮乏、忧郁、痛苦？假如这是事实——伯里克利（或修昔底德[1]）在伟大的悼辞中已经使我们明白了这一点——那么，早些时候显示出来的相反渴求，**对于丑的渴求**，更早的希腊人求悲观主义的意志，求悲剧神话的意志，求生存基础之上一切可怕、邪恶、谜样、破坏、不祥事物的观念的意志，又从

1　修昔底德（Thukydides，公元前460—前396年），古希腊历史学家，《伯罗奔尼撒战争史》的作者。

何而来呢？悲剧又从何而来呢？也许生自**快乐**，生自力量，生自满溢的健康，生自过度的充实？那么，从生理学上看，那种产生出悲剧艺术和喜剧艺术的疯狂，酒神的疯狂，又意味着什么呢？怎么，疯狂也许未必是蜕化、衰退、末日文化的象征？也许有一种——向精神病医生提的一个问题——**健康**的神经官能症？民族青年期和青春期的神经官能症？神与公山羊在萨提儿身上合二为一意味着什么？出于怎样的亲身体验，由于怎样的冲动，希腊人构想出了萨提儿这样的酒神醉心者和原始人？至于说到悲剧歌队的起源，在希腊人的躯体生气勃勃、希腊人的心灵神采焕发的那几个世纪中，也许有一种尘世的狂欢？也许幻想和幻觉笼罩着整个城邦，整个崇神集会？怎么，希腊人正值年富力壮之时，反有一种求悲剧事物的意志，反是悲观主义者？用柏拉图的话说，正是疯狂给希腊带来了**最大**的福祉？相反，希腊人正是在其瓦解和衰弱的时代，却变得愈益乐观、肤浅、戏子气十足，也愈益热心于逻辑和世界的逻辑化，因而更"快乐"也更"科学"了？怎么，与一切"现代观念"和民主趣味的成见相抵牾，**乐观主义**的胜利，占据优势的**理性**，实践上和理论上的**功利主义**（它与民主相似并与之同时），会是衰落的力量、临近的暮年、生理的疲惫的一种象征？因而**不正是悲观主义**吗？伊壁鸠鲁之为乐观主义者，不正因为他是**受苦者**吗？——可以看出，这本书所承担的是一大批难题，——我们还要补上它最难的一个难题！用**人生**的眼光来看，道德意味着什么？……

五

在致理查德·瓦格纳的前言中，艺术——而**不是道德**——业已被看作人所固有的**形而上**活动；在正文中，又多次重复了这个尖刻的命题：只是作为审美现象，人在世上的生存才**有充足理由**。事实上，全书只承认一种艺术家的意义，只承认在一切现象背后有一种艺术家的隐秘意义，——如果愿意，也可以说只承认一位"神"，但无疑仅是一位全然非思辨、非道德的艺术家之神。他在建设中如同在破坏中一样，在善之中如同在恶之中一样，欲发现他的同样的快乐和光荣。他在创造世界时摆脱了丰满和**过于丰满**的**逼迫**，摆脱了聚集在他身上的矛盾的**痛苦**。在每一瞬间**获得神的拯救**的世界，乃是最苦难、最矛盾、最富于冲突的生灵之永恒变化着的、常新的幻觉，这样的生灵唯有在**外观**中才能拯救自己：人们不妨称这整个艺术家的形而上学为任意、无益和空想，——但事情的实质在于，它业已显示一种精神，这种精神终有一天敢冒任何危险起而反抗生存之**道德**的解释和意义。在这里，也许第一回预示了一种"超于善恶之外"的悲观主义，在这里，叔本华所不倦反对并且事先就狂怒谴责和攻击的"观点反常"获得了语言和形式，——这是一种哲学，它敢于把道德本身置于和贬入现象世界，而且不仅仅是"现象"（按照唯心主义术语的含义），也是"欺骗"，如同外观、幻想、错觉、解释、整理、艺术一样。这种**反道德**倾向的程度，也许最好用全书中对基督教所保持的审慎而敌对的沉默来衡量，——基督教是人类迄今所听到的道德主旋律之最放肆的华彩乐段。事实上，对于这本书中所教导的对世界的纯粹审美的理解和辩护而言，没有比基督教义更鲜明的对照了，基督教义只是道德的，只想成为道德的，它以它的绝对标准，例如以上帝存在的原理，把艺术、**每种**艺术逐入谎言领域，——也就是将其否定、谴责、判决了。在这种必须敌视艺术的思想方式和评价方式背后，我总还感觉到一种**敌视生命的东西**，一种对于生命满怀怨恨、复仇心切的憎恶：因为全部生命都是建立在外观、艺术、欺骗、光学以及透视和错觉之必要性的基础之上。基督教从一开始就彻头彻尾是生命对于生命的憎恶和厌倦，只是这种情绪乔装、隐藏、掩饰在一种对"彼岸的"或"更好的"生活的信仰之下罢了。仇恨"人世"，谴责激情，害怕美和感性，发明出一个彼岸以便诽谤此岸，归根到底，一种对于虚无、末日、灭寂、"最后安息日"的渴望——这一切在我看来，正和基督教只承认道德价值的绝对意志一样，始终是"求毁灭的意志"的一切可能形式中最危险最不祥的形式，至少是生命病入膏肓、疲惫不堪、情绪恶劣、枯竭贫乏的征兆，——因为，在道德（尤其是基督教道德即绝对的道德）面前，生命**必不可免地**永远是无权的，因为生命本质上**是**非道德的东西，——最后，在蔑视和永久否定的重压之下，生命**必定**被感觉为不值得渴望的东西，为本身无价值的东西。道德本身——怎么，道德不会是一种"否定生命的意志"，一种隐秘的毁灭冲动，一种衰落、萎缩、诽谤的原则，一种末日的开始吗？因而不会是最大的危险吗？……所以，当时在这本成问题的书里，我的本能，作为生命的一种防卫本能，起来**反对道德**，为自己创造了生命的一种根本相反的学说和根本相反的评价，一种纯粹审美的、**反基督教的**学说和评价。何以名之？作为语言学家和精通词义的人，我为之命名，不无几分大胆——因为谁知道反基督徒的合适称谓呢？——采用一位希腊神灵的名字：我名之为**酒神精神**。

六

人们可明白我这本书业已大胆着手于一项怎样的任务了吗？……我现在感到多么遗憾：当时我还没有勇气（或骄傲？）处处为如此独特的见解和冒险使用一种**独特的语言**，——我费力地试图用叔本华和康德的公式去表达与他们的精神和趣味截然相反的异样而新颖的价值估价！那么，叔本华对悲剧是怎么想的？他在《作为意志和表象的世界》第二卷中说："使一切悲剧具有特殊鼓舞力量的是认识的这一提高：世界、生命并不能给人以真正的满足，因而**不值得**我们依恋。悲剧的精神即在其中。所以它引导我们**听天由命**。"哦，酒神告诉我的是多么不同！哦，正是这种听天由命主义当时于我是多么格格不入！——然而，这本书有着某种极严重的缺点，比起用叔本华的公式遮蔽、**损害**酒神的预感来，它现在更使我遗憾，这便是：我以混入当代事物而根本损害了我所面临的伟大的**希腊问题**！在毫无希望之处，在败象昭然若揭之处，我仍然寄予希望！我根据德国近期音乐便开口奢谈"德国精神"，仿佛它正在显身，正在重新发现自己——而且是在这样的时代：德国精神不久前还具有统治欧洲的意志和领导欧洲的力量，现在却已经**寿终正寝**，并且在建立帝国的漂亮借口下，把它的衰亡炮制成中庸、民主和"现代观念"！事实上，在这期间我已懂得完全不抱希望和毫不怜惜地看待"德国精神"，也同样如此看待**德国音乐**，把它看作彻头彻尾的浪漫主义，一切可能的艺术形式中最非希腊的形式；此外它还是头等的神经摧残剂，对一个酗酒并且视晦涩为美德的民族来说具有双重危险，也就是说，它具有双重性能，是既使人陶醉、又**使人糊涂**的麻醉剂。——当然，除了对于当代怀抱轻率的希望并且做过不正确的应用，因而有损于我的处女作之外，书中却也始终坚持提出伟大的酒神问题，包括在音乐方面：一种音乐必须具有怎样的特性，它不再是浪漫主义音乐，也不再是**德国**音乐，——而是**酒神**音乐？……

七

——可是，我的先生，倘若**您的**书不是浪漫主义，那么世界上还有什么是浪漫主义呢？您的艺术家形而上学宁愿相信虚无，宁愿相信魔鬼，而不愿相信"现在"，对于"现代""现实""现代观念"的深仇大恨还能表现得比这更过分吗？在您所有的对位音乐和耳官诱惑之中，不是有一种愤怒而又渴望毁灭的隆隆地声,一种反对一切"现在"事物的勃然大怒,一种与实践的虚无主义相去不远的意志,在发出轰鸣吗?这意志似乎喊道:"宁愿无物为真,胜于**你们**得理,胜于你们的真理成立!"我的悲观主义者和神化艺术者先生,您自己听听从您的书中摘出的一些句子,即谈到屠龙之士的那些颇为雄辩的句子,会使年轻的耳朵和心灵为之入迷的。怎么,那不是1830年的地道的浪漫主义表白,戴上了1850年的悲观主义面具吗?其后便奏起了浪漫主义者共通的最后乐章——灰心丧气,一蹶不振,皈依和膜拜一种旧的信仰,那位旧的神灵……怎么,您的悲观主义著作不正是一部反希腊精神的浪漫主义著作,不正是一种"既使人陶醉、又使人糊涂"的东西,至少是一种麻醉剂,甚至是一曲音乐、一曲**德国**音乐吗?请听吧:

"我们想象一下,这成长着的一代,具有如此大无畏的目光,怀抱如此雄心壮志;我们想象一下,这些屠龙之士,迈着坚定的步伐,洋溢着豪迈的冒险精神,鄙弃那种乐观主义的全部虚弱教条,但求在整体和完满中'勇敢地生活',——那么,这种文化的悲剧人物,当他进行自我教育以变得严肃和畏惧之时,岂非必定渴望一种新的艺术,形而上慰藉的艺术,渴望悲剧,如同渴望属于他的海伦一样吗?他岂非必定要和浮士德一同喊道:

我岂不要凭眷恋的痴情,

带给人生那唯一的艳影?"

"岂非必定?"……不,不,决不!你们年轻的浪漫主义者:并非必定!但事情很可能如此**告终**,**你们很可能如此告终**,即得到"慰藉",如同我所写的那样,而不去进行任何自我教育以变得严肃和畏惧,却得到"形而上的慰藉",简言之,如浪漫主义者那样告终,**以基督教的方式**……不!你们首先应当学会**尘世**慰藉的艺术,——你们应当学会**欢笑**,我的年轻朋友们,除非你们想永远做悲观主义者;所以,作为欢笑者,你们有朝一日也许把一切形而上慰藉——首先是形而上学——扔给魔鬼!或者,用酒神精灵**查拉图斯特拉**的话来说:

"振作你们的精神,我的兄弟们,向上,更向上!也别忘了双腿!也振作你们的双腿,你们好舞蹈家,而倘若你们能竖蜻蜓就更妙了!

"这顶欢笑者的王冠,这顶玫瑰花环的王冠:我自己给自己戴上了这顶王冠,我自己宣布我的大笑是神圣的。今天我没有发现别人在这方面足够强大。

"查拉图斯特拉这舞蹈家,查拉图斯特拉这振翅欲飞的轻捷者,一个示意百鸟各就各位的预备飞翔的人,一个幸福的粗心大意者:——

"查拉图斯特拉这预言家,查拉图斯特拉这真正的欢笑者,一个并不急躁的人,一个并不固执的人,一个爱跳爱蹦的人,我自己给自己戴上了这顶王冠!

"这顶欢笑者的王冠,这顶玫瑰花环的王冠:我的兄弟们,我把这顶王冠掷给你们!我宣布欢笑是神圣的:你们更高贵的人,向我学习——欢笑!"(《查拉图斯特拉如是说》第四部)

悲剧的诞生[1]

---

[1] Die Geburt Tragödie aus dem Geist der Musik. 全译为《悲剧从音乐精神中的诞生》，1872年1月出版。1886年新版的书名改为 Die Geburt Tragödie.Oder:Griechenthum und Pessimismus，全译为《悲剧的诞生，或希腊精神与悲观主义》。原文各节只有序号，标题和内容提要为译者所加。

前言——致理查德·瓦格纳[1]

在普法战争的气氛中思考一个美学问题，是有鉴于艺术的严肃性。提出贯穿全书的基本命题："艺术是生命的最高使命和生命本来的形而上活动"。

鉴于我们审美公众的特殊品性，集中在这部著作中的思想有可能引起种种怀疑、不安和误解。为了避开这一切，也为了能够带着同样的沉思的幸福来写作这部著作的前言（这

---

[1] 理查德·瓦格纳（Richard Wagner，1813—1883），德国作曲家、音乐戏剧家、艺术理论家，毕生致力于歌剧的革新。主要歌剧作品有《漂泊的荷兰人》《尼伯龙根的指环》《罗恩格林》《特里斯坦和伊索尔德》《纽伦堡的名歌手》等，理论著作有《论德国音乐》《艺术与革命》《未来的艺术作品》《歌剧与戏剧》等。《悲剧的诞生》一书从酝酿到正式出版的三年，正是尼采与瓦格纳从结识到他们的友谊达到最热烈状态的时期。尼采写作此书的动机之一是受了瓦格纳音乐事业的鼓舞，而把希腊悲剧文化复兴的希望寄托在了瓦格纳身上，所以把这本书的前言献给了瓦格纳。后来他们的友谊破裂。

幸福作为美好崇高时刻的印记铭刻在每一页上），我栩栩如生地揣想着您，我的尊敬的朋友，收到这部著作时的情景。也许是在一次傍晚的雪中散步之后，您谛视着扉页上的被解放了的普罗米修斯，读着我的名字，立刻就相信了：无论这本书写些什么，作者必定是要说些严肃而感人的事情；还有，他把他所想的一切，都像是面对面地对您倾谈，而且只能把适于当面倾谈的东西记了下来。您这时还会记起，正是在您关于贝多芬的光辉的纪念文章问世之时，也就是在刚刚爆发的战争的惊恐庄严气氛中，我全神贯注于这些思想。有人如果由这种全神贯注而想到爱国主义的激动与审美的奢侈、勇敢的严肃与快活的游戏的对立，这样的人当然会发生误解。但愿他们在认真阅读这部著作时惊讶地发现，我们是在讨论多么严肃的德国问题，我们恰好合理地把这种问题看作德国希望的中心，看作漩涡和转折点。然而，在他们看来，这样严肃地看待一个美学问题，也许是根本不成体统的，因为他们认为，艺术不过是一种娱乐的闲事，一种系于"生命之严肃"的可有可无的闹铃。好像没有人知道，同这种"生命之严肃"形成如此对照的东西本身有什么意义。对这些严肃的人来说可作教训的是：我确信有一位男子明白，艺术是生命的最高使命和生命本来的形而上活动，我要在这里把这部著作奉献给这位男子，奉献给走在同一条路上的我的这位高贵的先驱者。

巴塞尔，1871年底。

一、自然本身的二元艺术冲动

日神的造型艺术和酒神的音乐艺术之间的对立，二者的结合产生希腊悲剧。在梦和醉这两种生理现象之间存在着相应的对立关系。梦对于人生的必要性。日神是个体化原理的神圣形象。酒神的本质在于个体化原理崩溃时从人的最内在基础中升起的充满幸福的狂喜。在酒神状态中，人与人、人与自然融为了一体，人成了大自然本身艺术能力的艺术品。

只要我们不单从逻辑推理出发，而且从直观的直接可靠性出发，来了解艺术的持续发展是同**日神**和**酒神**[1]的二元性密切相关的，我们就会使审美科学大有收益。这酷似生育有赖

1　日神即阿波罗（Apollo），希腊神话中的太阳神，主管光明、青春、医药、畜牧、音乐、诗歌等。酒神即狄俄尼索斯（Dionysus），有关的崇拜从色雷斯传入希腊，在希腊神话中为葡萄树和葡萄酒之神。在《悲剧的诞生》中，尼采借用这两个神祇的名称象征两种不同的艺术冲动。

于性的二元性，其中有着连续不断的斗争和只是间发性的和解。我们从希腊人那里借用这些名称，他们尽管并非用概念，而是用他们的神话世界的鲜明形象，使得有理解力的人能够听见他们的艺术直观的意味深长的秘训。我们的认识是同他们的两位艺术神日神和酒神相联系的。在希腊世界里，按照根源和目标来说，在日神的造型艺术和酒神的非造型的音乐艺术之间存在着极大的对立。两种如此不同的本能彼此共生并存，多半又彼此公开分离，相互不断地激发更有力的新生，以求在这新生中永远保持着对立面的斗争，"艺术"这一通用术语仅仅在表面上调和这种斗争罢了。直到最后，由于希腊"意志"的一个形而上的奇迹行为，它们才彼此结合起来，而通过这种结合，终于产生了阿提卡[1]悲剧这种既是酒神的又是日神的艺术作品。

为了使我们更切近地认识这两种本能，让我们首先把它们想象成**梦**和**醉**两个分开的艺术世界。在这些生理现象之间可以看到一种相应的对立，正如在日神因素和酒神因素之间一样。按照卢克莱修[2]的见解，壮丽的神的形象首先是在梦中向人类的心灵显现，伟大的雕刻家是在梦中看见超人灵物优美的四肢结构的。如果要探究诗歌创作的秘密，希腊诗人同样会提醒人们注意梦，如同汉斯·萨克斯[3]在《名歌手》中那样教

---

1 阿提卡（Attika）半岛，位于希腊中部，是雅典城邦的所在地。
2 卢克莱修（Titus Lucretius Carus，公元前98—前55），古罗马诗人、哲学家。
3 汉斯·萨克斯（Hans Sachs，1494—1576），德国诗人，剧作家。

导说：

> 我的朋友，那正是诗人的使命，
> 留心并且解释他的梦。
> 相信我，人的最真实的幻想
> 是在梦中向他显相：
> 一切诗学和诗艺
> 全在于替梦释义。

每个人在创造梦境方面都是完全的艺术家，而梦境的美丽外观[1]是一切造型艺术的前提，当然，正如我们将要看到的，也是一大部分诗歌的前提。我们通过对形象的直接领会而获得享受，一切模型都向我们说话，没有什么不重要的、多余的东西。即使在梦的现实最活跃时，我们仍然对它的**外观**有朦胧的感觉。至少这是我的经验，我可以提供一些证据和诗人名句，以证明这种经验是常见的，甚至是合乎规律的。哲学家甚至有这种预感：在我们生活和存在于其中的这个现实之下，也还隐藏着另一全然不同的东西，因此这现实同样是 一

1　Schein，在德语中兼有光和外观之义，所以尼采把它同作为光明之神的阿波罗相联系。译文中根据上下文采用相应的译法。

个外观。叔本华[1]直截了当地提出,一个人间或把人们和万物当作纯粹幻影和梦像这种禀赋是哲学才能的标志。正如哲学家面向存在的现实一样,艺术上敏感的人面向梦的现实。他聚精会神于梦,因为他要根据梦的景象来解释生活的真义,他为了生活而演习梦的过程。他清楚地经验到的,绝非只有愉快亲切的景象,还有严肃、忧愁、悲怆、阴暗的景象,突然的压抑,命运的捉弄,焦虑的期待,简言之,生活的整部"神曲",连同"地狱篇"一起,都被招来从他身上通过,并非只像皮影戏——因为他就在这话剧中生活和苦恼——但也不免仍有那种昙花一现的对于外观的感觉。有些人也许记得,如同我那样,当梦中遭到危险和惊吓时,有时会鼓励自己,结果喊出声来:"这是一个梦!我要把它梦下去!"我听说,有些人曾经一连三四夜做同一个连贯的梦。事实清楚地证明,我们最内在的本质,我们所有人共同的深层基础,带着深刻的喜悦和愉快的必要性,亲身经历着梦。

希腊人在他们的日神身上表达了这种经验梦的愉快的必要性。日神,作为一切造型力量之神,同时是预言之神。按照其语源,他是"发光者"[2],是光明之神,也支配着内心幻想世界的美丽外观。这更高的真理,与难以把握的日常现实

---

[1] 叔本华(Arthur Schopenhauer,1788—1860),德国哲学家,有强烈的悲观主义倾向,主要著作为《作为意志和表象的世界》。在写作《悲剧的诞生》时,尼采一方面深受他的悲观主义思想的影响,另一方面也在抗争中形成自己的独立思想。

[2] der "Scheinende",也可译为"制造外观者"。

相对立的这些状态的完美性，以及对在睡梦中起恢复和帮助作用的自然的深刻领悟，都既是预言能力的，一般而言又是艺术的象征性相似物，靠了它们，人生才成为可能并值得一过。然而，梦像所不可违背的那种柔和的轮廓——以免引起病理作用，否则，我们就会把外观误认作粗糙的现实——在日神的形象中同样不可缺少：适度的克制，免受强烈的刺激，造型之神的大智大慧的静穆。他的眼睛按照其来源必须是"炯如太阳"，即使当它愤激和怒视时，仍然保持着美丽光辉的尊严。在某种意义上，叔本华关于藏身在摩耶面纱下面的人所说的，也可适用于日神。《作为意志和表象的世界》第一册第416页写道："喧腾的大海横无际涯，翻卷着咆哮的巨浪，舟子坐在船上，托身于一叶扁舟；同样地，孤独的人平静地置身于苦难世界之中，信赖个体化原理（principium individuationis）。"[1]关于日神的确可以说，在他身上，对于这一原理的坚定信心，藏身其中者的平静安坐精神，得到了最庄严的表达，而日神本身理应被看作个体化原理的壮丽的神圣形象，他的表情和目光向我们表明了"外观"的全部喜悦、智慧及其美丽。

在同一处，叔本华向我们描述了一种巨大的**惊骇**，当人突然困惑地面临现象的某种认识模型，届时充足理由律在

---

[1] 叔本华：《作为意志和表象的世界》，第4篇，第63节。参看中译本，石冲白译，杨一之校，商务印书馆，1982年11月第1版，第483—484页。译文不同。

其任何一种形态里看来都碰到了例外，这种惊骇就抓住了他。在这惊骇之外，如果我们再补充上个体化原理崩溃之时从人的最内在基础即天性中升起的充满幸福的狂喜，我们就瞥见了**酒神**的本质，把它比拟为醉乃是最贴切的。或者由于所有原始人群和民族的颂诗里都说到的那种麻**醉**饮料的威力，或者在春日熙熙照临万物欣欣向荣的季节，酒神的激情就苏醒了，随着这激情的高涨，主观逐渐化入浑然忘我之境。还在德国的中世纪，受酒神的同一强力驱使，人们汇集成群，结成歌队，载歌载舞，巡游各地。在圣约翰节（Sanct-Johanntaenzer）和圣维托斯节（Sanct-Veittaenzer）的歌舞者身上，我们重睹了古希腊酒神歌队及其在小亚细亚的前史，乃至于巴比伦及其纵欲的萨凯亚节（Sakaeen）。有一些人，由于缺乏体验或感官迟钝，自满自得于自己的健康，嘲讽地或怜悯地避开这些现象，犹如避开一种"民间病"。这些可怜虫当然料想不到，当酒神歌队的炽热生活在他们身边沸腾之时，他们的"健康"会怎样地惨如尸色，恍如幽灵。

在酒神的魔力之下，不但人与人重新团结了，而且疏远、敌对、被奴役的大自然也重新庆祝她同她的浪子人类和解的节日。大地自动地奉献它的贡品，危崖荒漠中的猛兽也驯良地前来。酒神的车辇满载着百卉花环，虎豹驾驭着这彩车行进。一个人若把贝多芬的《欢乐颂》化作一幅图画，并且让想象力继续凝想数百万人战栗着倒在灰尘里的情景，他就差不多能体会到酒神状态了。此刻，奴隶也是自由人。此刻，贫困、专断或"无耻的时尚"在人与人之间树立的僵硬敌对的藩篱土崩瓦解了。此刻，在世界大同的福音中，每个人感到自己同邻人团结、和解、款洽，甚至融为一体了。摩耶的面纱好像已被撕裂，只剩下碎片在神秘的太一之前瑟缩飘零。人轻歌曼舞，俨然是一更高共同体的成员，他陶然忘步忘言，飘飘然乘风飞扬。他的神态表明他着了魔。就像此刻野兽开口说话、大地流出牛奶和蜂蜜一样，超自然的奇迹也在人身上出现：此刻他觉得自己就是神，他如此欣喜若狂、居高临下地变幻，正如他梦见的众神的变幻一样。人不再是艺术家，而成了艺术品：整个大自然的艺术能力，以太一的极乐满足为鹄的，在这里透过醉的战栗显示出来了。人，这最贵重的粘土，最珍贵的大理石，在这里被捏制和雕琢，而应和着酒神的宇宙艺术家的斧凿声，响起厄琉息斯秘仪[1]上的呼喊："苍生啊，你们肃然倒地了吗？宇宙啊，你感悟到那创造者了吗？"

1　厄琉息斯（Eleusis）秘仪，古希腊农业庆节，始于雅典附近的厄琉息斯城，后传入雅典。

二、希腊人身上的二元艺术冲动

> 作为梦和醉，日神和酒神是自然界的直接的艺术冲动。希腊人的造型能力之完美，使我们有理由把做梦的希腊人看作许多荷马，又把荷马看作一个做梦的希腊人。古代世界中酒神节的普遍存在。在希腊崇神史上的关键时刻，日神及时与酒神缔结和约，使其缴出毁灭性的武器，使酒神状态成为一种艺术现象。

到此为止，我们考察了作为艺术力量的酒神及其对立者日神，这些力量**无须人间艺术家的中介**，从自然界本身迸发出来。它们的艺术冲动首先在自然界里以直接的方式获得满足：一方面，作为梦的形象世界，这一世界的完成同个人的智力水平或艺术修养全然无关；另一方面，作为醉的现实，这一现实同样不重视个人的因素，甚至蓄意毁掉个人，用一种神秘的统一感解脱个人。面对自然界的这些直接的艺术状态，每个艺术家都是"模仿者"，而且，或者是日神的梦艺术家，或者是酒神的醉艺术家，或者（例如在希腊悲剧中）兼是这二者。关于后者，我们不妨设想，他在酒神的沉醉和神秘的自弃中，独自一人，脱离游荡着的歌队，醉倒路边；然后，由于日神的梦的感应，他自己的境界，亦即他和世界最内在基础的统一，在**一幅譬喻性的梦像**中向他显现了。

按照这些一般前提和对比，我们现在来考察希腊人，以弄清在他们身上，那种**自然的艺术冲动**发展得如何，达到了何等高度；我们借此可以深刻理解和正确评价希腊艺术家同其原型之间的关系，亦即亚里士多德所说的"模仿自然"。尽管希腊人有许多写**梦**文学和述梦逸闻，我们仍然只能用推测的方式，不过带着相当大的把握，来谈论希腊人的梦。鉴于他们的眼睛具有令人难以置信的准确可靠的造型能力，他们对色彩具有真诚明快的爱好，我们不禁要设想（这真是后世的耻辱），他们的梦也有一种线条、轮廓、颜色、布局的逻辑因果关系，一种与他们最优秀的浮雕相似的舞台效果。倘若能够用比喻来说，它们的完美性使我们有理由把做梦的希腊人看作许多荷马，又把荷马看作一个做梦的希腊人。这总比现代人在做梦方面竟敢自比为莎士比亚有更深刻的意义。

然而，我们不必凭推测就可断定，**在酒神的希腊人**同酒神的野蛮人之间隔着一条鸿沟。在古代世界的各个地区（这里不谈现代世界），从罗马到巴比伦，我们都能够指出酒神节的存在，其类型之于希腊酒神节，至多如同从公山羊借得名称和标志的长胡须萨提儿[1]之于酒神自己。几乎在所有的地方，这些节日的核心都是一种颠狂的性放纵，它的浪潮冲决每个家庭及其庄严规矩；天性中最凶猛的野兽径直脱开缰绳，乃至肉欲与暴行令人憎恶地相混合，我始终视之为真正的"妖女的淫药"。有关这些节日的知识从所有陆路和海路向希腊人源源渗透，面对它们的狂热刺激，他们似乎是用巍然屹立的日神形象长久完备地卫护了一个时代，日神举起美杜莎[2]的头，便似乎能够抵抗任何比怪诞汹涌的酒神冲动更危险的力量。这是多立斯[3]式的艺术，日神庄严的否定姿态在其中永世长存。然而，一旦类似的冲动终于从希腊人的至深根源中爆发出来，闯开一条出路，抵抗便很成问题，甚至不可能了。这时，德尔斐[4]神的作用仅限于：通过一个及时缔结的和约，使强有力的敌手缴出毁灭性的武器。这一和解是希腊崇神史上最重要的时刻，回顾这个时刻，事情的根本变化是一目了然的。两位敌手和解了，并且严格规定了从此必须遵守的界限，定期互致敬礼；鸿沟并未彻底消除。但我们如果看到，酒神的权力在这媾和的压力下如何显现，我们就会知道，与巴比伦的

---

1 萨提儿（Satyr），希腊神话中的森林之神，其形状为半人、半山羊，纵欲好饮，代表原始人的自然冲动。
2 美杜莎（Medusen），希腊神话中的女妖，以蛇代发。她的头像常见于建筑物入口处的屏壁上，希腊人认为可以避邪化险。
3 多立斯，古典建筑的五种柱式之一，古希腊多立斯柱式的代表作是雅典的帕提农神庙。
4 德尔斐（Delphi），全希腊的宗教中心，位于福喀斯的帕尔那索斯山麓（Parnassus），设有德尔斐神示所和阿波罗神庙。

萨凯亚节及其人向虎猿退化的陋习相比，希腊人的酒神宴乐含有一种救世节和神化日的意义。只有在希腊人那里，大自然才达到它的艺术欢呼，个体化原理的崩溃才成为一种艺术现象。在这里，肉欲和暴行混合而成的可憎恶的"妖女的淫药"也失效了，只有酒神信徒的激情中那种奇妙的混合和二元性才使人想起它来——就好像药物使人想起致命的毒药一样。其表现是，痛极生乐，发自肺腑的欢喊夺走哀音；乐极而惶恐惊呼，为悠悠千古之恨悲鸣。在那些希腊节日里，大自然简直像是呼出了一口伤感之气，仿佛在为它分解成个体而喟叹。对荷马时代的希腊世界来说，这些有着双重情绪的醉汉的歌唱和姿势是某种闻所未闻的新事物，而酒神的**音乐**尤其使他们胆战心惊。音乐似乎一向被看作日神艺术，但确切地说，这不过是指节奏的律动，节奏的造型力量被发展来描绘日神状态。日神音乐是音调的多立克式建筑术，但只限于某些特定的音调，例如竖琴的音调。正是那种非日神的因素，决定着酒神音乐乃至一般音乐的特性的，如音调的震撼人心的力量，歌韵的急流直泻，和声的绝妙境界，却被小心翼翼地排除了。在酒神颂歌[1]里，人受到鼓舞，最高度地调动自己的一切象征能力；某些前所未有的感受，如摩耶面纱的揭除，族类创造力乃至大自然创造力的合为一体，急于得到表达。这时，自然的本质要象征地表现自己；必须有一个新的象征世界，整个躯体都获得了象征意义，不但包括双唇、脸面、语言，而且包括频频运动手足的丰富舞姿。然后，其他象征能力成长了，寓于节奏、动力与和声的音乐的象征力量突然汹涌澎湃。为了充分调动全部象征能力，人必须已达那种自弃境界，而要通过上述能力象征性地表达出这种境界来。所以，唱着颂歌的酒神信徒只被同道中人理解！日神式的希腊人看到他们必定多么惊愕！而且，惊愕与日俱增，其中掺入了一种恐惧：也许这一切对他来说原非如此陌生，甚至他的日神信仰也不过是用来遮隔面前这酒神世界的一层面纱罢了。

---

[1] 酒神颂歌（Dithyrambus），词义为神的欢庆，一开始是在祭祀酒神的活动中演唱的歌，内容为狄俄尼索斯的出生、经历和受苦。据说公元前7世纪的抒情诗人阿尔基洛科斯（Archilocos）已使用此词。但是，按照希罗多德的说法，则是公元前7世纪末6世纪初的阿里昂（Arion）首创、传授、命名酒神颂。公元前6世纪下叶，酒神颂被引入雅典，成为酒神庆祭活动的一个比赛项目，于公元前6世纪末发展为悲剧。

三、用日神艺术美化生存的必要

> 希腊神话不是道德和宗教，而是生存的赞歌。希腊人有热烈的欲望，对痛苦敏感，深知生存的可怕，为了能够活下去，创造出奥林匹斯神话，借之神化生存。

为了理解**日神文化**，我们似乎必须一砖一石地把这巧妙的大厦拆除，直到我们看到它下面的地基。这时首先映入我们眼帘的是**奥林匹斯众神**的壮丽形象，他们耸立在大厦的山墙上，描绘他们事迹的光彩照人的浮雕装饰着大厦的腰线。在这些浮雕之中，如果日神仅同众神像比肩而立，并不要求坐第一把交椅，我们是不会因此受到迷惑的。体现在日神身上的同一个冲动，归根到底分娩出了整个奥林匹斯世界，在这个意义上，我们可以把日神看作奥林匹斯之父。一个如此光辉的奥林匹斯诸神社会是因何种巨大需要产生的呢？

谁要是心怀另一种宗教走向奥林匹斯居民，竟想在他们身上寻找道德的高尚，圣洁，无肉体的空灵，悲天悯人的目光，他就必定怅然失望，立刻掉首而去。这里没有任何东西使人想起苦行、修身和义务；这里只有一种丰满的乃至凯旋的生存向我们说话，在这个生存之中，一切存在物不论善恶都被尊崇为神，于是，静观者也许诧异地面对这生机盎然的景象，自问这些豪放的人服了什么灵丹妙药，才能如此享受人生，以致目光所到之处，海伦[1]，他们固有存在的这个"飘浮于甜蜜官能"的理想形象，都在向着他们嫣然微笑。然而，我们要朝这位掉首离去的静观者喊道："别走，先听听希腊民间智慧对这个以妙不可言的快乐向你展示的生命说了些什么。"流传着一个古老的神话：弥达斯[2]国王在树林里久久地寻猎酒神的伴护，聪明的西勒诺斯[3]，却没有寻到。当他终于落到国王手中时，国王问道：对人来说，什么是最好最妙的东西？这精灵木然呆立，一声不吭。直到最后，在国王强逼下，他突然发出刺耳的笑声，说道："可怜的浮生呵，无常与苦难之子，你为什么逼我说出你最好不要听到的话呢？那最好的东西是你根本得不到的，这就是不要**降生**，不要**存在**，成为**虚无**。不过对于你还有次好的东西——立刻就死。"

奥林匹斯的众神世界怎样对待这民间智慧呢？一如临刑的殉道者怀着狂喜的幻觉面对自己的苦难。

---

1 海伦（Helena），荷马史诗中的著名美女，墨涅拉俄斯（Menelaus）的妻子，居住在斯巴达。帕里斯（Paris）把她劫到特洛亚，希腊各地英雄因此发动对特洛亚的远征。

2 弥达斯（Midas）国王，希腊神话中佛律癸亚国王，以巨富著称，传说他释放了捕获的西勒诺斯，把他交给酒神，酒神许以点金术。

3 西勒诺斯（Selenus），希腊神话中的精灵，酒神的养育者和教师。

现在奥林匹斯魔山似乎向我们开放了,为我们显示了它的根源。希腊人知道并且感觉到生存的恐怖和可怕,为了能够活下去,他们必须在它前面安排奥林匹斯众神的光辉梦境之诞生。对于提坦诸神[1]自然暴力的极大疑惧,冷酷凌驾于一切知识的命数,折磨着人类伟大朋友普罗米修斯[2]的兀鹰,智慧的俄狄浦斯[3]的可怕命运,驱使俄瑞斯忒斯弑母的阿特柔斯家族的历史灾难[4],总之,林神的全部哲学及其诱使忧郁的伊特鲁利亚人[5]走向毁灭的神秘事例——这一切被希腊人用奥林匹斯艺术**中间世界**不断地重新加以克服,至少加以掩盖,从眼前移开了。为了能够活下去,希腊人出于至深的必要不得不创

---

1   提坦诸神(Titans),希腊神话中天神和地神所生的六儿六女,与宙斯争夺统治权而为其所败,象征大自然的原始暴力。
2   普罗米修斯(Prometheus),提坦神之一,在神话中作为人类的保护者出现。给人类盗来火种,宙斯为此下令把他锁在高加索的悬崖上,用矛刺穿胸脯,派一只大鹰每天早晨飞来啄食他的肝脏,夜晚又让他的肝脏愈合,以此来折磨他。
3   俄狄浦斯(Oedipus),忒拜的英雄,德尔斐神示所预言他将弑父娶母,他竭力逃脱这一命运,但预言终于应验。为此他把自己的眼睛弄瞎,最后死在雅典的郊区科罗诺斯。
4   俄瑞斯忒斯(Orestes),阿耳戈斯传说中的英雄,阿伽门农和克吕泰涅斯特拉的儿子。阿伽门农被克吕泰涅斯特拉及其情夫埃葵斯托斯谋杀,他为报父仇而把母亲杀死。阿特柔斯(Atreus),阿伽门农的父亲,俄瑞斯忒斯的祖父,迈锡尼国王。其妻埃洛珀与其堤厄斯忒斯私通,密谋篡位,阴谋败露后,他把埃洛珀扔入大海。
5   伊特鲁利亚人(Etrurier),古意大利人的一支,公元前11世纪由小亚细亚渡海而来。公元前6世纪达于极盛,曾建立统治罗马的塔克文王朝。后为罗马所灭,但其文化对罗马有重大影响。

造这些神。我们也许可以这样来设想这一过程：从原始的提坦诸神的恐怖秩序，通过日神的美的冲动，逐渐过渡而发展成奥林匹斯诸神的快乐秩序，这就像玫瑰花从有刺的灌木丛里生长开放一样。这个民族如此敏感，其欲望如此热烈，如此特别容易**痛苦**，如果人生不是被一种更高的光辉所普照，在他们的众神身上显示给他们，他们能有什么旁的办法忍受这人生呢？召唤艺术进入生命的这同一冲动，作为诱使人继续生活下去的补偿和生存的完成，同样促成了奥林匹斯世界的诞生，在这世界里，希腊人的"意志"持一面有神化作用的镜子映照自己。众神就这样为人的生活辩护，其方式是他们自己来过同一种生活——唯有这是充足的神正论（Theodicee）！在这些神灵的明丽阳光下，人感到生存是值得努力追求的，而荷马式人物的真正**悲痛**在于和生存分离，尤其是过早分离。因此，关于这些人物，现在人们可以逆西勒诺斯的智慧而断言："对于他们，最坏是立即要死，其次坏是迟早要死。"这种悲叹一旦响起，它就针对着短命的阿喀琉斯[1]，针对着人类世代树叶般的更替变化，针对着英雄时代的衰落，一再重新发出。渴望活下去，哪怕是作为一个奴隶活下去，这种想法在最伟大的英雄处也并非不足取。在日神阶段，"意志"如此热切地要求这种生存，荷马式人物感觉到自己和生存是如此难解难分，以致悲叹本身化作了生存颂歌。

---

1 阿喀琉斯（Achilles），特洛亚战争中的英雄，死在特洛亚城陷落前的争夺战中。

这里必须指出，较晚的人类如此殷切盼望的人与自然的和谐统一，即席勒用"素朴"这个术语所表达的状态，从来不是一种如此简单的、自发产生的、似乎不可避免的状态，好像我们必定会在每种文化的入口之处遇到这种人间天堂似的。只有一个时代才会相信这种状态，这个时代试图把卢梭的爱弥儿想象成艺术家，妄想在荷马身上发现一个在大自然怀抱中受教育的艺术家爱弥儿。只要我们在艺术中遇到"素朴"，我们就应知道这是日神文化的最高效果，这种文化必定首先推翻一个提坦王国，杀死巨怪，然后凭借有力的幻觉和快乐的幻想战胜世界静观的可怕深渊和多愁善感的脆弱天性。然而，要达到这种完全沉浸于外观美的素朴境界，是多么难能可贵呵！荷马的崇高是不可言喻的，作为个人，他诉诸日神的民族文化，犹如一个梦艺术家诉诸民族的以及自然界的梦的能力。荷马的"素朴"只能理解为日神幻想的完全胜利，它是大自然为了达到自己的目的而经常使用的一种幻想。真实的目的被幻象遮盖了，我们伸手去抓后者，而大自然却靠我们的受骗实现了前者。在希腊人身上，"意志"要通过创造力和艺术世界的神化作用直观自身。它的造物为了颂扬自己，就必须首先觉得自己配受颂扬。所以，他们要在一个更高境界中再度观照自己，这个完美的静观世界不是作为命令或责备发生作用。这就是美的境界，他们在其中看到了自己的镜中映象——奥林匹斯众神。希腊人的"意志"用这种美的映照来对抗那种与痛苦和痛苦的智慧相关的艺术才能，而作为它获胜的纪念碑，我们面前巍然矗立着素朴艺术家荷马。

四、二元冲动的斗争与和解

> 再论梦的意义。日神只承认一个法则——对个人界限的遵守,即希腊人所说的适度。但酒神冲动不断打破这一法则,将过度显现为真理。这两种冲动经过长期斗争,终于达成和解,在希腊悲剧身上庆祝其神秘的婚盟。

关于这位素朴的艺术家,梦的类比可以给我们一些启发。我们不妨想象一个做梦的人,他沉湎于梦境的幻觉,为了使这幻觉不受搅扰,便向自己喊道:"这是一个梦,我要把它梦下去!"从这里我们可以推断,梦的静观有一种深沉内在的快乐。另一方面,为了能够带着静观的这种快乐做梦,就必须完全忘掉白昼及其烦人的纠缠。对这一切现象,我们也许可以在释梦之神日神指导下,用下述方式来说明。在生活的两个半边中,即在醒和梦中,前者往往被认定远为可取,重要,庄严,值得经历一番,甚至是唯一经历过的生活;但是,我仍然主张,不管表面看来多么荒谬,就我们身为其现象的那一本质的神秘基础来说,梦恰恰应当受到人们所拒绝给予的重视。因为，我愈是在自然界中察觉到那最强大的艺术冲动，又在这冲动中察觉到一种对于外观以及对通过外观而得解脱的热烈渴望，我就愈感到自己不得不承认这一形而上的假定：真正的存在者和太一（das Wahrhaft-Seiende und Ur-Eine），作为永恒的受苦者和完全的冲突体（das ewig Leidende und Widerspruchs-volle），既需要振奋人心的幻觉，也需要充满快乐的外观，以求不断得到解脱。对于这个外观，我们完全受它束缚，由它组成，因而必定会觉得它是真正的非存在者（das Wahrhaft-Nichtseiende），是一种在时间、空间和因果系列中的持续变化，换句话说，是经验的实在。让我们暂时不考虑我们自身的"实在"，而把我们的经验性的此岸存在（Dasein）如同一般而言世界的此岸存在那样，理解为在每一瞬间唤起的太一的表象，那么，我们就必须把**梦看作外观的外观**，从而看作对外观的原始欲望的一种更高满足。基于这同一理由，自然的内心深处对于素朴艺术家和素朴艺术品（它也只是"外观的外观"）怀有说不出的喜悦。**拉斐尔**本人是不朽的素朴艺术家之一，他在一幅象征画里给我们描绘了外观向外观的转化，也就是素朴艺术家以及日神文化的原始过程。他在《基督的变容》下半幅，用那个痴醉的男孩，那些绝望的搬运工，那些惊慌的信徒，反映了永恒的原始痛苦，世界的唯一基础，在这里，"外观"是永恒冲突这万物之父的反照。但是，从这一外观升起了一个幻觉般的新的外观世界，宛如一缕圣餐的芳香。那些囿于第一个外观的人对这新的外观世界视若不见——它闪闪发光地飘浮在最纯净的幸福之中，飘浮在没有痛苦的、远看一片光明的静观之中。在这里，在最高的艺术象征中，我们看到了日神的美的世界及其深层基础——西勒诺斯的可怕智慧，凭直觉领悟了两者的相互依存关系。然而，日神再一次作为个体化原理的神化出现在我们面前，唯有在它身上，太一永远达到目的，通过外观而得救。它以崇高的姿态向我们指出，整个苦恼世界是多么必要，个人借之而产生有解脱作用的幻觉，并且潜心静观这幻觉，以便安坐于颠簸小舟，渡过苦海。

个体化的神化，作为命令或规范的制定来看，只承认一个法则——个人，即对个人界限的遵守，希腊人所说的**适度**。作为德行之神，日神要求他的信奉者适度以及——为了做到适度——有自知之明。于是，与美的审美必要性平行，提出了"认识你自己"和"勿过度"的要求；反之，自负和过度则被视为非日神领域的势不两立的恶魔，因而是日神前提坦时代的特征，以及日神外蛮邦世界的特征。普罗米修斯因为他对人类的提坦式的爱，必定遭到兀鹰的撕啄；俄狄浦斯因为他过分聪明，解开斯芬克斯之谜，必定陷进罪恶的乱伦旋涡——这就是德尔斐神对希腊古史的解释。

在日神式的希腊人看来，**酒神**冲动的作用也是"提坦的"和"蛮夷的"；同时他又不能不承认，他自己同那些被推翻了的提坦诸神和英雄毕竟有着内在的血亲关系。他甚至还感觉到：他的整个生存及其全部美和适度，都建立在某种隐蔽的痛苦和知识之根基上，酒神冲动向他揭露了这种根基。看吧！日神不能离开酒神而生存！说到底，"提坦"和"蛮夷"因素与日神因素同样必要！现在我们想象一下，酒神节的狂欢之声如何以愈益诱人的魔力飘进这建筑在外观和适度之上、受到人为限制的世界，在这嚣声里，自然在享乐、受苦和认知时的整个过度如何昭然若揭，迸发出势如破竹的呼啸；我们想象一下，与这着了魔似的全民歌唱相比，拨响幽灵似的竖琴、唱着赞美诗的日神艺术家能有什么意义！"外观"艺术的缪斯们在这醉中谈说真理的艺术面前黯然失色，西勒诺斯的智慧向静穆的奥林匹斯神喊道："可悲呵！可悲呵！"在这里，个人带着他的全部界限和适度，进入酒神的陶然忘我之境，忘掉了日神的清规戒律。**过度**显现为真理，矛盾、生于痛苦的欢乐从大自然的心灵中现身说法。无论何处，只要酒神得以通行，日神就遭到扬弃和毁灭。但是，同样确凿的是，在初次进攻被顶住的地方，德尔斐神的仪表和威严就愈发显得盛气凌人。因此，我可以宣布，在我看来，**多立克**国家和多立克艺术不过是日神步步安扎的营寨；只有不断抗拒酒神的原始野性，一种如此顽固、拘谨、壁垒森严的艺术，一种如此尚武、严厉的训练，一种如此残酷无情的国家制度，才得以长久维持。

我在本文开头提出的看法，到此已作了展开的阐明：日神和酒神怎样在彼此衔接的不断新生中相互提高，支配了希腊人的本质；从"青铜"时代及其提坦诸神的战争和严厉的民间哲学中，在日神的美的冲动支配下，怎样发展出了荷马的世界；这"素朴"的壮丽又怎样被酒神的激流淹没；最后，与这种新势力相对抗，日神冲动怎样导致多立克艺术和多立克世界观的刻板威严。如果按照这种方式，根据两个敌对原则的斗争，把古希腊历史分为四大艺术时期，那么，我们现在势必要追问这种变化发展的最终意图，因为最后达到的时期，即多立克艺术时期，决不应看作这些艺术冲动的顶点和目标。于是，我们眼前出现了**阿提卡悲剧**和戏剧酒神颂歌的高尚而珍贵的艺术作品，它们是两种冲动的共同目标，这两种冲动经过长期斗争，终于在一个既是安提戈涅[1]，又是卡珊德拉[2]的孩子身上庆祝其神秘的婚盟。

---

1 安提戈涅（Antigone），俄狄浦斯的女儿，其父失明后，曾为其父导盲，后又违抗新王克瑞翁的禁令，埋葬其兄波吕尼刻斯。
2 卡珊德拉（Kassandra），特洛伊公主，能预言。

五、抒情诗人的"自我"立足于世界本体

> 作为酒神艺术家,抒情诗人同太一及其痛苦打成一片,制作太一的摹本即音乐,并从音乐中生长出一个形象的世界。艺术家在酒神过程中业已放弃他的主观性,抒情诗人的"自我"是立足于万物之基础的永恒的自我,从存在的深渊里发出呼叫。

我们现在接近我们研究的真正目的了,这就是认识酒神兼日神类型的创造力及其艺术作品,至少预感式地领悟这种神秘的结合。现在我们首先要问,那在日后发展成悲剧和戏剧酒神颂的新萌芽,在希腊人的世界里最早显露于何处?关于这一点,古代人自己给了我们形象的启发,他们把**荷马和阿尔基洛科斯**[1]当作希腊诗歌的始祖和持火炬者,并列表现于雕塑、饰物等等之上,真心感到只有这两个同样完美率真的天性值得敬重,从他们身上涌出一股火流,温暖着希腊的千秋万代。

---

1 阿尔基洛科斯(Archilochus,公元前714?—676?),古希腊抒情诗人,擅长讽刺诗。

荷马，这潜心自身的白发梦想家，日神文化和素朴艺术家的楷模，现在愕然望着那充满人生激情、狂放尚武的缪斯仆人阿尔基洛科斯的兴奋面孔，现代美学只会把这解释为第一个"主观"艺术家起而对抗"客观"艺术家。这种解释对我们毫无用处，因为我们认为，主观艺术家不过是坏艺术家，在每个艺术种类和高度上，首先要求克服主观，摆脱"自我"，让个人的一切意愿和欲望保持缄默。没有客观性，没有纯粹超然的静观，就不能想象有哪怕最起码的真正的艺术创作。为此，我们的美学必须首先解决这个问题："抒情诗人"怎么能够是艺术家？一切时代的经验都表明，他们老是在倾诉"自我"，不厌其烦地向我们歌唱自己的热情和渴望。正是这个阿尔基洛科斯，在荷马旁边，用他的愤恨讥讽的呼喊，如醉如狂的情欲，使我们心惊肉跳。他，第一个所谓主观艺术家，岂不因此是真正的非艺术家吗？可是，这样一来，又如何解释他所受到的尊崇呢？这种尊崇恰好是由"客观"艺术的故乡德尔斐的神谕所证实了的。

关于自己创作的过程，**席勒**用一个他自己也不清楚的、但无疑是光辉的心理观察向我们作了阐明。他承认，诗创作活动的预备状态，绝不是眼前或心中有了一系列用思维条理化了的形象，而毋宁说是一种**音乐情绪**（"感觉在我身上一开始并无明白确定的对象；这是后来才形成的。第一种音乐情绪掠过了，随后我头脑里才有诗的意象"）。我们再补充指出全部古代抒情诗的一种最重要的现象：无论何处，**抒情诗人**与**乐师**都自然而然地相结合，甚至成为一体。相形之下，现代抒情诗好像是无头神像。现在,我们就能根据前面阐明的审美形而上学,用下述方式解释抒情诗人。首先,作为酒神艺术家,他完全同太一及其痛苦和冲突打成一片,制作太一的摹本即音乐,倘若音乐有权被称作世界的复制和再造的话;可是现在,在日神的召梦作用下,音乐在**譬喻性的梦像**中,对于他重新变得可以看见了。原始痛苦在音乐中的无形象无概念的再现,现在靠着它在外观中的解脱,产生一个第二映象,成为别的譬喻或例证。艺术家在酒神过程中业已放弃他的主观性。现在,向他表明他同世界心灵相统一的那幅图画是一个梦境,它把原始冲突、原始痛苦以及外观的原始快乐都变成可感知的了。抒情诗人的"自我"就这样从存在的深渊里呼叫;现代美学家所谓抒情诗人的"主观性"只是一个错觉。当希腊第一个抒情诗人阿尔基洛科斯向吕甘伯斯的女儿们同时表示了他的痴恋和蔑视时[1],呈现在我们眼前的并不是他的如痴如狂颤动着的热情。我们看到酒神和他的侍女们,看到酩酊醉汉阿尔基洛科斯,如同欧里庇得斯[2]在《酒神的伴侣》中所描写的那样,正午,阳光普照,他醉卧在阿尔卑斯山的草地上。这时,阿波罗走近了,用月桂枝轻触他。于是,醉卧者身上酒神和音乐的魔力似乎向四周迸发如画的焰火,这就是

---

1 阿尔基洛科斯出身低微,其父是自由民,其母是奴隶。他在获得自由民身份后,与纽布勒订婚,被她的父亲解除。吕甘伯斯可能是纽布勒父亲的名字。

2 欧里庇得斯(Euripides,公元前480—前406),古希腊三大悲剧作家之一。现存剧作18部,著名的有《美狄亚》《特洛亚妇女》等。

抒情诗，它的最高发展形式被称作悲剧和戏剧酒神颂。

雕塑家以及与之性质相近的史诗诗人沉浸在对形象的纯粹静观之中。酒神音乐家完全没有形象，他是原始痛苦本身及其原始回响。抒情诗的天才则感觉到，从神秘的自弃和统一状态中生长出一个形象和譬喻的世界，与雕塑家和史诗诗人的那个世界相比，这个世界有完全不同的色彩、因果联系和速度。雕塑家和史诗诗人愉快地生活在形象之中，并且只生活在形象之中，乐此不疲，对形象最细微的特征爱不释手。对他们来说，发怒的阿喀琉斯的形象只是一个形象，他们怀着对外观的梦的喜悦享受其发怒的表情。这时候，他们是靠那面外观的镜子防止了与他们所塑造的形象融为一体。与此相反，抒情诗人的形象只是抒情诗人自己，它们似乎是他本人的形形色色的客观化，所以，可以说他是那个"自我"世界的移动着的中心点。不过，这自我不是清醒的、经验现实的人的自我，而是根本上唯一真正存在的、永恒的、立足于万物之基础的自我，抒情诗天才通过这样的自我的摹本洞察万物的基础。现在我们再设想一下，他在这些摹本下也发现了作为非天才（Nichtgenius）的**自己**，即他的"主体"，那一大堆指向他自以为真实确定的对象的主观激情和愿望。如此看来，抒情诗天才与同他相关的非天才似乎原是一体，因而前者用"我"这字眼谈论自己。但是，这种现象现在不再能迷惑我们了，尽管它迷惑了那些认定抒情诗人是主观诗人的人。实际上，阿尔基洛科斯这个热情燃烧着、爱着和恨着的人，只是创造力的一个幻影，此时此刻他已不再是阿尔基洛科斯，而是世界创造力借阿尔基洛科斯其人象征性地说出自己的原始痛苦。相反，那位主观地愿望着、渴求着的人阿尔基洛科斯绝不可能是诗人。然而，抒情诗人完全不必只把阿尔基洛科斯其人这个现象当作永恒存在的再现；悲剧证明，抒情诗人的幻想世界能够离开那诚然最早出现的现象多么远。

叔本华并不回避抒情诗人给艺术哲学带来的困难，他相信能找到一条出路，尽管我并不赞同他的这条出路。在他的深刻的音乐形而上学里，唯有他掌握了能够彻底消除困难的手段。我相信，按照他的精神，怀着对他的敬意，必能获得成功。然而，他却这样描述诗歌的特性（《作为意志和表象的世界》第一册第295页）："一个歌者所强烈意识到的，是意志的主体，即自己的愿望，它常是满足和解除了的愿望（快乐），更常是受阻抑的愿望（悲哀），始终是冲动、热情和激动的心境。同时，歌者又通过观察周围自然界而意识到，他是无意志的纯粹认识的主体。以后，这种认识的牢不可破的天国般的宁静就同常受约束、愈益可怜的愿望的煎熬形成对照。其实，一切抒情诗都在倾诉这种对照和交替的感觉，一般来说，正是它造成了抒情的心境。在抒情心境中，纯粹认识仿佛向我们走来，要把我们从愿望及其煎熬中解救出来。我们顺从了，但只是在片刻之间，愿望、对个人目的的记忆总是重新向宁静的观照争夺我们。不过，眼前的优美景物也总是重新吸引我们离开愿望，无意志的纯粹认识在这景物中向我们显现自身。这样，在抒情诗和抒情心境中，愿望（个人的目的、兴趣）与对眼前景物的纯粹静观彼此奇特地混合。

我们将要对两者的关系加以探究和揣想。在一种反射作用中，主观的情绪和意志的激动给所观照的景物染上自己的色彩，反过来自己也染上景物的色彩。真正的抒情诗就是这整个既混合又分离的心境的印迹。"[1]

从这段叙述中，谁还看不出来，抒情诗被描写成一种不完善的、似乎偶尔得之、很少达到目的的艺术，甚至是一种半艺术，这种半艺术的**本质**应当是愿望与纯粹静观、即非审美状态与审美状态的奇特混合？我们宁可主张，叔本华依然用来当作价值尺度并据以划分艺术的那个对立，即主观艺术与客观艺术的对立，在美学中是根本不适用的。在这里，主体，即愿望着的和追求着一己目的的个人，只能看作艺术的敌人，不能看作艺术的泉源。但是，在下述意义上艺术家是主体：他已经摆脱他个人的意志，好像变成了中介，通过这中介，一个真正的主体庆祝自己在外观中获得解脱。我们在进行褒贬时，必须特别明了这一点：艺术的整部喜剧根本不是为我们演出的，譬如说，不是为了改善和教育我们而演出的，而且我们也不是这艺术世界的真正创造者。我们不妨这样来看自己：对艺术世界的真正创造者来说，我们已是图画和艺术投影，我们的最高尊严就在作为艺术作品的价值之中——因为只有作为**审美现象**，生存和世界才是永远**有充分理由**的。可是，我们关于我们这种价值的意识，从未超过画布上的士兵

---

[1] 叔本华：《作为意志和表象的世界》，第3篇，第51节。参看中译本，石冲白译，第346页。译文不同。

对画布上的战役所拥有的意识。所以，归根到底，我们的全部艺术知识是完全虚妄的知识，因为作为认知者，我们并没有与那个本质合为一体，该本质作为艺术喜剧的唯一作者和观众，替自己预备了这永久的娱乐。只有当天才在艺术创作活动中同这位世界原始艺术家（der Urkuenstler der Welt）互相融合，他对艺术的永恒本质才略有所知。在这种状态中，他像神仙故事所讲的魔画，能够神奇地转动眼珠来静观自己。这时，他既是主体，又是客体，既是诗人和演员，又是观众。

六、民歌是语言对音乐的模仿

    酒神洪流是民歌的深层基础和先决条件。史诗和抒情诗的界限在于,语言模仿形象还是模仿音乐。真正的音乐决不模仿形象。语言作为现象的符号,绝不能把音乐的世界象征圆满表现出来。

  有关阿尔基洛科斯的学术研究揭示,他把**民歌**引进了文学,因为这一事迹,他受到希腊人的普遍敬重,有权享有荷马身边唯一的一把交椅。然而,什么是同完全日神的史诗相对立的民歌呢?它不就是日神与酒神相结合的 perpetuum vestigium(永久痕迹)吗?它声势浩大地流行于一切民族,并且不断新生,日益加强,给我们提供了一个证据,证明自然界的二元性艺术冲动有多么强烈。这些冲动在民歌里留下痕迹,正如一个民族的秘仪活动在该民族的音乐里永垂不朽一样。历史确实可以证明,民歌多产的时期都是受到酒神洪流最强烈的刺激,我们始终把酒神洪流看作民歌的深层基础和先决条件。

  然而,在我们看来,民歌首先是音乐的世界镜子,是原始的旋律，这旋律现在为自己找到了对应的梦境，将它表现为诗歌。**因此，旋律是第一和普遍的东西**，从而能在多种歌词中承受多种客观化。按照人民的朴素评价，它也是远为重要和必需的东西。旋律从自身中产生诗歌，并且不断地重新产生诗歌。**民歌的诗节形式**所表明的无非是这一点。我对这种现象一直感到惊诧，直到我终于找到了这一说明。谁遵照这个理论来研究民歌集，例如《男孩的魔号》[1]，他将找到无数例子，表明连续生育着的旋律怎样在自己周围喷洒如画焰火，绚丽多彩，瞬息万变，惊涛狂澜，显示出一马平川的史诗闻所未闻的力量。从史诗的立场看，抒情诗的这个不均衡、不规则的形象世界简直该受谴责，而泰尔潘德罗斯[2]时代日神节的庄严的史诗吟诵者果然是如此谴责它的。

这样，在民歌创作中，我们看到语言全力以赴、聚精会神地**模仿音乐**。所以，由阿尔基洛科斯开始了一个新的诗歌世界，它同荷马的世界是根本对立的。我们以此说明了诗与音乐、词与声音之间唯一可能的关系：词、形象、概念寻求一种同音乐相似的表达方式，终于折服于音乐的威力。在这个意义上，我们可以在希腊民族的语言史上区分出两个主要潮

---

1 《男孩的魔号》（Des Knaben Wunderhorn），德国民歌集，出版于 1805—1808 年，它复活了人们对于德国抒情诗中民歌传统的热情，确立了其编者布伦塔诺和阿尔尼姆在浪漫主义运动中的领袖地位。
2 泰尔潘德罗斯（Terpander，活动于约公元前 647 年），希腊爱琴海莱斯沃斯岛诗人和音乐家。

流，其界限是看语言模仿现象世界和形象世界，还是模仿音乐世界。只要深思一下荷马和品达[1]在语言的色彩、句法结构、词汇方面的差异，以领会这一对立的意义，就会清楚地看到：在荷马和品达之间，必定响起过**奥林匹斯秘仪的笛声**，直到亚里士多德时代，音乐已经极其发达，这笛声仍使人如醉似狂，以其原始效果激励当时的一切诗歌表现手段去模仿它。我不禁想起今日一种众所周知的、我们的美学却感到厌恶的现象。我们一再发现，有些听众总想替贝多芬的一首交响曲寻找一种图解。由一段乐章产生的种种形象的组合，似乎本来就异常五光十色，甚至矛盾百出，却偏要在这种组合上练习其可怜的机智，反而忽略了真正值得弄清的现象，在某类美学中，这却是天经地义。纵使这位音乐家用形象说明一种结构，譬如把某一交响曲称作"田园交响乐"，把某一乐章称作"河边小景"，把另一乐章称作"田夫同乐"，也只是生于音乐的譬喻式观念而已，而绝非指音乐所模仿的对象。无论从哪方面看，这些观念都不能就音乐的**酒神**内容给我们以启示，而且，和别的形象相比，它们也没有特别的价值。现在，我们把这个寓音乐于形象的过程搬用到一个朝气蓬勃的、富有语言创造力的人群中，便可约莫了解诗节式的民歌如何产生，全部语言能力如何因模仿音乐这一新原则而获得调动了。

且让我们把抒情诗看作音乐通过形象和概念的模仿而闪

---

[1] 品达（Pindar，公元前522？—前442），古希腊抒情诗人，擅长合唱琴歌。

射的光芒，这样，我们就可追问："音乐在形象和概念中**表现为什么？**"**它表现为意志**——按照叔本华所赋予的含义来使用这个词——也就是表现为纯观照、无意志的审美情绪的对立面。在这里，人们或许要尽可能严格地把本质概念同现象概念加以区分，因为音乐按照其本质不可能是意志，否则就要完全被逐出艺术领域，须知意志本身是非审美的。然而，它却表现为意志。这是因为，为了表达形象中的音乐现象，抒情诗人必须调动全部情感，从温情细语到深仇大恨。在用日神譬喻表达音乐这种冲动下，他把整个自然连同他自身仅仅理解为永恒的意欲者、憧憬者和渴求者。但是，只要他用形象来解释音乐，他自己静息在日神观照的宁静海面上，那么，他通过音乐媒介观照到的一切就在他周围纷乱运动。当他通过音乐媒介看自己时，他自己的形象就出现在一种未得满足的情感状态中，他自己的意愿、渴念、呻吟、欢呼都成了他借以向自己解释音乐的一种譬喻。这就是抒情诗人的现象；作为日神的天才，他用意志的形象解释音乐，而他自己却完全摆脱了意志的欲求，是纤尘不染的金睛火眼。

　　这里的全部探讨坚持一点：抒情诗仍然依赖于音乐精神，正如音乐本身有完全的主权，不**需要**形象和概念，而只是在自己之旁**容忍**它们。抒情诗丝毫不能说出音乐在最高一般性和普遍有效性中未曾说出的东西，音乐迫使抒情诗作图解。所以，**语言**绝不能把音乐的世界象征圆满表现出来，音乐由于象征性地关联到太一心中的原始冲突和原始痛苦，故而一种超越一切现象和先于一切现象的境界得以象征化了。相反，每种现象之于音乐毋宁只是譬喻；因此，语言作为现象的器官和符号，绝对不能把音乐的至深内容加以披露。当它试图模仿音乐时，它同音乐只能有一种外表的接触，我们仍然不能借任何抒情的口才而向音乐的至深内容靠近一步。

七、对歌队的正确解释

悲剧起源于萨提儿歌队,解决悲剧起源问题的关键是对歌队的解释。希腊人替歌队制造了一个虚构的世界,借此使痛苦的写照免去了现实性。悲剧用形而上的慰藉来解脱我们。歌队表明,希腊人深知人生的痛苦,艺术拯救他们,生命则通过艺术拯救他们而自救。

现在,我们必须借助前面探讨过的种种艺术原理,以便在**希腊悲剧的起源**这个迷宫里辨识路径。倘若我说这一起源问题至今从来未被严肃地提出过,更不用说解决了,我想这绝不是危言耸听。古代传说的飘零碎片倒也常拼缝起来,可又重新扯裂。古代传说斩钉截铁地告诉我们,**悲剧从悲剧歌队中产生**,一开始仅仅是歌队,除了歌队什么也不是。因此,我们有责任去探究作为真正原始戏剧的悲剧歌队的核心,无论如何不要满足于流行的艺术滥调,说什么歌队是理想观众,或者说它代表平民对抗舞台上的王公势力。后一种解释,在有些政治家听来格外响亮,似乎民主的雅典人的永恒道德准则体现在平民歌队身上了，这歌队始终凌驾在国王们的狂暴的放荡无度之上，坚持着正义。这种解释尽管可以用亚里士多德的话来助威，但不着悲剧起源问题的边际。在这个问题上，平民和王公的全部对立，一般来说，全部政治社会领域，都未触及悲剧的纯粹宗教根源。就埃斯库罗斯[1]和索福克勒斯[2]那里我们所熟悉的歌队的古典形式而论，我们甚至认为，说这里预见到了"立宪人民代表制"那真是亵渎，但有些人就不怕亵渎。古代的国家宪法在实践上并没有立宪平民代表制，但愿在他们的悲剧里也从来没有"预见"到它。

比歌队的政治解释远为著名的是A. W. 施莱格尔[3]的见解。他向我们建议，在一定程度上，可把歌队看作观众的典范和精华，看作"理想的观众"。这种观点同悲剧一开始仅是歌队这一历史传说对照起来，就原形毕露，证明自己是一种粗陋的、不科学的，然而闪光的见解。但它之所以闪光，只是靠了它的概括的表达形式，靠了对一切所谓"理想的"东西的真正日耳曼式偏爱，靠了我们一时的惊愕。只要我们把我们十分熟悉的剧场公众同歌队作一比较，并且自问，从这

---

1 埃斯库罗斯（Aeschylus，公元前525—前456），古希腊三大悲剧作家之一。现存悲剧7部，代表作为《普罗米修斯》《阿伽门农》等。
2 索福克勒斯（Sophocles，公元前496？—前406），古希腊三大悲剧作家之一。现存悲剧7部，代表作为《安提戈涅》《俄狄浦斯王》等。
3 A. W. 施莱格尔（August Wilhelm Schlegel，1767—1845），德国学者、批评家，德国浪漫主义运动思想最有影响的传播者。

种公众里是否真的可能产生过某种同悲剧歌队类似的东西，我们就惊诧不已了。我们冷静地否认这一点，既奇怪施莱格尔主张的大胆，也奇怪希腊公众竟有完全不同的天性。我们始终认为，一个正常的观众，不管是何种人，必定始终知道他所面对的是一件艺术作品，而不是一个经验事实。相反，希腊悲剧歌队却不由自主地把舞台形象认作真人。扮演海神女儿的歌队真的相信目睹了提坦神普罗米修斯，并且认为自己就是舞台上的真实的神。那么，像海神女儿一样，认为普罗米修斯亲自到场，真有其人，难道便是最高级最纯粹的观众类型了吗？难道跑上舞台，把这位神从酷刑中解救出来，便是理想观众的标志？我们相信审美的公众，一个观众越是把艺术品当作艺术即当作审美对象来对待，我们就认为他越有能力。可是，施莱格尔的理论这时却来指点我们说，对于完美的、理想的观众，舞台世界不是以审美的方式，而是以亲身经验的方式发生作用的。我们不禁叹息：啊，超希腊人！你们推翻了我们的美学！可是，习惯成自然，一谈到歌队，人们就重复施莱格尔的箴言。

然而，古代传说毫不含糊地反对施莱格尔：本来的歌队无须在乎舞台，因此，悲剧的原始形态与理想观众的歌队水火不相容。这种从观众概念中引申出来、把"自在的观众"当作其真正形式的艺术究竟是什么东西呢？没有演员的观众是一个悖理的概念。我们认为，悲剧的诞生恐怕既不能从群众对于道德悟性的尊重得到说明，也不能从无剧的观众的概念得到说明。看来，这个问题是过于深刻了，如此肤浅的考察方式甚至没有触到它的皮毛。

在《麦西拿的新娘》的著名序言中，席勒已经对歌队的意义发表了一种极有价值的见解。他把歌队看作围在悲剧四周的活城墙，悲剧用它把自己同现实世界完全隔绝，替自己保存理想的天地和诗意的自由。

席勒用这个主要武器反对自然主义的平庸观念，反对通常要求于戏剧诗的妄念。尽管剧场上的日子本身只是人为的，布景只是一种象征，韵律语言具有理想性质，但是，一种误解还始终完全起着支配作用。把那种是一切诗歌之本质的东西仅仅当作一种诗意的自由来容忍，这是不够的。采用歌队是决定性一步，通过这一步，便向艺术上形形色色的自然主义光明磊落地宣了战；——在我看来，正是对于这样一种考察方式，我们这个自命不凡的时代使用了"假理想主义"这诬蔑的词眼。我担心，与此相反，如今我们怀着对自然和现实的崇拜，接近了一切理想主义的相反极，即走进了蜡像陈列馆的领域。正如在当代某些畅销的长篇小说中一样，在蜡像馆里也有某种艺术，只是但愿别拿下列要求来折磨我们：用这种艺术克服席勒和歌德的"假理想主义"。

按照席勒的正确理解，希腊的萨提儿歌队，原始悲剧的歌队，其经常活动的境界诚然是一个"理想的"境界，一个高踞于浮生朝生暮死之路之上的境界。希腊人替这个歌队制造了一座虚构的**自然状态**的空中楼阁，又在其中安置了虚构的**自然生灵**。悲剧是在这一基础上成长起来的，因而，当然一开始就使痛苦的写照免去了现实性。然而，这终究不是一个在天地间任意想象出来的世界；毋宁是一个真实可信的世界，就像奥林匹斯及其神灵对虔信的希腊人来说是真实可信的一样。酒神歌舞者萨提儿，在神话和崇拜的批准下，就生活在宗教所认可的一种现实中。悲剧始于萨提儿，悲剧的酒神智慧借他之口说话，对我们来说，这是一个可惊的现象，正如一般来说，悲剧产生于歌队是一个可惊的现象一样。倘若我提出一个论断，说萨提儿这虚构的自然生灵与有教养的人的关系，相当于酒神音乐与文明的关系，也许我们就获得了一个研究的出发点。理查德·瓦格纳在论及文明时说，音乐使之黯然失色，犹如日光使烛火黯然失色。我相信，与此同理，希腊有教养的人面对萨提儿歌队会自惭形秽。酒神悲剧最直接的效果在于，城邦、社会以及一般来说人与人之间的裂痕向一种极强烈的统一感让步了，这种统一感引导人复归大自然的怀抱。在这里，我已经指出，每部真正的悲剧都用一种形而上的慰藉来解脱我们：不管现象如何变化，事物基础之中的生命仍是坚不可摧和充满欢乐的。这一个慰藉异常清楚地体现为萨提儿歌队，体现为自然生灵的歌队，这些自然生灵简直是不可消灭地生活在一切文明的背后，尽管世代更替，民族历史变迁，它们却永远存在。

希腊人深思熟虑，独能感受最细腻、最惨重的痛苦，他们用这歌队安慰自己。他们的大胆目光直视所谓世界史的可怕浩劫，直视大自然的残酷，陷于渴求佛教涅槃的危险之中。艺术拯救他们，生命则通过艺术拯救他们而自救。

酒神状态的迷狂，它对人生日常界限和规则的毁坏，其间，包含着一种**恍惚**的成分，个人过去所经历的一切都淹没在其中了。这样，一条忘川隔开了日常的现实和酒神的现实。可是，一旦日常的现实重新进入意识，就会令人生厌；一种弃志禁欲的心情便油然而生。在这个意义上，酒神的人与哈姆雷特相像：两者都一度洞悉事物的本质，他们**彻悟**了，他们厌弃行动；由于他们的行动丝毫改变不了事物的永恒本质，他们就觉得，指望他们来重整分崩离析的世界，乃是可笑或可耻的。知识扼杀了行动，行动离不开幻想的蒙蔽——这才是哈姆雷特的教训，而绝不是梦想家的那种廉价智慧，后者由于优柔寡断，不妨说由于可能性的过剩，才不能走向行动。不是优柔寡断，不！——是真知灼见，是对可怕真理的洞察，战胜了每一个驱使行动的动机，无论在哈姆雷特还是在酒神的人身上均是如此。此时此刻，任何安慰都无济于事，思慕之情已经越过了来世，越过了神灵，生存连同它在神灵身上或不死彼岸的辉煌返照都遭到了否定。一个人意识到他一度瞥见的真理，他就处处只看见存在的荒谬可怕，终于领悟了奥菲利亚命运的象征意义，懂得了林神西勒诺斯的智慧，他厌世了。

就在这里，在意志的这一最大危险之中，**艺术**作为救苦救难的仙子降临了。唯她能够把生存荒谬可怕的厌世思想转变为使人借以活下去的表象，这些表象就是**崇高**和**滑稽**，前者用艺术来制服可怕，后者用艺术来解脱对于荒谬的厌恶。酒神颂的萨提儿歌队是希腊艺术的救世之举；在这些酒神护送者的缓冲世界中，上述突发的激情宣泄殆尽。

八、希腊悲剧如何从歌队中诞生

萨提儿和近代牧歌中牧人的对比，前者是人的本真形象，后者是文化谎言。魔变是一切戏剧艺术的前提。首先从酒神群众的幻觉中产生萨提儿歌队，然后从歌队的幻觉中产生舞台世界。歌队用舞蹈、声音、言辞的全部象征手法来谈论幻象，于是合唱变为戏剧。

萨提儿和近代牧歌中的牧人一样，两者都是怀恋原始因素和自然因素的产物。然而，希腊人多么坚定果敢地拥抱他们的林中人，而现代人却多么羞涩怯懦地调戏一个温情脉脉的吹笛牧人的谄媚形象！希腊人在萨提儿身上所看到的，是知识尚未制作、文化之闩尚未开启的自然。因此，对希腊人来说，萨提儿与猿人不可相提并论。恰好相反，它是人的本真形象，人的最高最强冲动的表达，是因为靠近神灵而兴高采烈的醉心者，是与神灵共患难的难友，是宣告自然至深胸怀中的智慧的先知，是自然界中性的万能力量的象征。希腊人对这种力量每每心怀敬畏，惊诧注目。萨提儿是某种崇高神圣的东西，在痛不欲生的酒神气质的人眼里，他尤其必定如此。矫饰冒牌的牧人使他感到侮辱。他的目光留恋于大自然明朗健康的笔触，从而获得崇高的满足。这里，人的本真形象洗去了文明的铅华。这里，显现了真实的人，长胡子萨提儿，正向着他的神灵欢呼。在他面前，文明人皱缩成一幅虚假的讽刺画。在悲剧艺术的这个开端问题上，席勒同样是对的：歌队是抵御汹涌现实的一堵活城墙，因为它（萨提儿歌队）比通常自视为唯一现实的文明人更诚挚、更真实、更完整地摹拟生存。诗的境界并非像诗人头脑中想象出的空中楼阁那样存在于世界之外，恰好相反，它想要成为真理的不加掩饰的表现，因而必须抛弃文明人虚假现实的矫饰。这一真正的自然真理同自命唯一现实的文化谎言的对立，酷似于物的永恒核心、自在之物同全部现象界之间的对立。正如悲剧以其形而上的安慰在现象的不断毁灭中指出那生存核心的永生一样，萨提儿歌队用一个譬喻说明了自在之物同现象之间的原始关系。近代人牧歌里的那位牧人，不过是他们所妄称作自然的全部虚假教养的一幅肖像。酒神气质的希腊人却要求最有力的真实和自然——他们看到自己魔变为萨提儿。

酒神信徒结队游荡，纵情狂欢，沉浸在某种心情和认识之中，它的力量使他们在自己眼前发生了变化，以致他们在想象中看到自己是再造的自然精灵，是萨提儿。悲剧歌队后来的结构是对这一自然现象的艺术模仿，其中当然必须把酒神的观众同酒神的魔变者分开。只是必须时刻记住，阿提卡悲剧的观众在歌队身上重新发现了自己，归根到底并不存在观众与歌队的对立，因为全体是一个庄严的大歌队，它由且歌且舞的萨提儿或萨提儿所代表的人们组成。施莱格尔的见解在这里必须按照一种更深刻的意义加以阐发。歌队在以下含义上是"理想的观众"，即它是唯一的**观看者**，舞台幻境的观看者。我们所了解的那种观众概念，希腊人是不知道的。在他们的剧场里，由于观众大厅是一个依同心弧升高的阶梯结构，每个人都真正能够**忽视**自己周围的整个文明世界，在饱和的凝视中觉得自己就是歌队一员。根据这一看法，我们可以把原始悲剧的早期歌队称作酒神气质的人的自我反映。这一现象在演员表演时最为清楚，倘若他真有才能，他会看见他所扮演的人物形象栩栩如生地飘浮在眼前。萨提儿歌队最初是酒神群众的幻觉，就像舞台世界又是这萨提儿歌队的幻觉一样。这一幻觉的力量如此强大，足以使人对于"现实"的印象和四周井然有序的有教养的人们视而不见。希腊剧场的构造使人想起一个寂静的山谷，舞台建筑犹如一片灿烂的云景，聚集在山上的酒神顶礼者从高处俯视它，宛如绚丽的框架，酒神的形象就在其中向他们显现。

在这里，我们为了说明悲剧歌队而谈到的这种艺术原始现象，用我们关于基本艺术过程的学术研究的眼光来看，几乎是不体面的。然而，诗人之为诗人，就在于他看到自己被形象围绕着，它们在他面前生活和行动，他洞察它们的至深本质，这是再确实不过的了。由于现代才能的一个特有的弱点，我们喜好把审美的原始现象想象得太复杂太抽象。对真正的诗人来说，借喻不是修辞手段，而是取代某一观念真实浮现在他面前的形象。对他来说，性格不是由搜集拢来的个别特征所组成的一个整体，而是赫然在目的活生生的人物，它仅仅因为持续不断地生活下去和行动下去而显示出同画家的类似幻想的区别。荷马为何比所有诗人都描绘得更活灵活现？因为他凝视得更多。我们之所以如此抽象地谈论诗歌，是因为我们平常都是糟糕的诗人。审美现象归根到底是单纯的。谁只要有本事持续地观看一种生动的游戏，时常在幽灵们的围绕下生活，谁就是诗人。谁只要感觉到自我变化的冲动，渴望从别的肉体和灵魂向外说话，谁就是戏剧家。

　　酒神的兴奋能够向一整批群众传导这种艺术才能：看到自己被一群精灵所环绕，并且知道自己同它们内在地是一体。悲剧歌队的这一过程是**戏剧的**原始现象：看见自己在自己面前发生变化，现在又采取行动，仿佛真的进入了另一个肉体，进入了另一种性格。这一过程发生在戏剧发展的开端。这里，有某种不同于吟诵诗人的东西，吟诵诗人并不和它的形象融合，而是像画家那样用置身事外的静观的眼光看这些形象。这里，个人通过逗留于一个异己的天性而舍弃了自己。而且，这种现象如同传染病一样蔓延，成群结队的人们都感到自己以这种方式发生了魔变。因此，酒神颂根本不同于其他各种合唱。手持月桂枝的少女们向日神大庙庄严移动，一边唱着进行曲，她们依然故我，保持着她们的公民姓名；而酒神颂歌队却是变态者的歌队，他们的公民经历和社会地位均被忘却，他们变成了自己的神灵的超越时间、超越一切社会领域的仆人。希腊人的其余一切抒情歌队都只是日神祭独唱者的异常放大；相反，在酒神颂里，出现的却是一群不自觉的演员，他们从彼此身上看到自己发生了变化。

魔变（Verzauberung）是一切戏剧艺术的前提。在这种魔变状态中，酒神的醉心者把自己看成萨提儿，**而作为萨提儿他又看见了神**，也就是说，他在他的变化中看到一个身外的新幻象，它是他的状况的日神式的完成。戏剧随着这一幻象而产生了。

根据这一认识，我们必须把希腊悲剧理解为不断重新向一个日神的形象世界迸发的酒神歌队。因此，用来衔接悲剧的合唱部分，在一定程度上是孕育全部所谓对白的母腹，也就是孕育全部舞台世界和本来意义上的戏剧的母腹。在接二连三的迸发中，悲剧的这个根源放射出戏剧的幻象。这种幻象绝对是梦境现象，因而具有史诗的本性；可是，另一方面，作为一种酒神状态的客观化，它不是在外观中的日神性质的解脱，相反是个人的解体及其同太初存在的合为一体。所以，戏剧是酒神认识和酒神作用的日神式的感性化，因而毕竟与史诗之间隔着一条鸿沟。

按照我们的这种见解，希腊悲剧的**歌队**，处于酒神式兴奋中的全体群众的象征，就获得了充分的说明。倘若我们习惯于歌队在现代舞台上的作用，特别是习惯于歌剧歌队，因而完全不能明白希腊人的悲剧歌队比本来的"情节"更古老、更原始，甚至更重要，尽管这原是异常清楚的传统；倘若因为歌队只是由卑贱的仆役组成，一开始甚至只是由山羊类的萨提儿组成，我们便不能赞同它那传统的高度重要性和根源性；倘若舞台前的乐队对于我们始终是一个谜，——那么，现在我们却达到了这一认识：舞台和情节一开始不过被当作**幻象**，只有歌队是唯一的"现实"，它从自身制造出幻象，用舞蹈、声音、言辞的全部象征手法来谈论幻象。歌队在幻觉中看见自己的主人和师傅酒神，因而永远是**服役的歌队**。它看见这位神灵怎样受苦和自我颂扬，因而它自己并**不行动**。在这个完全替神服役的岗位上，它毕竟是自然的最高表达即酒神表达，并因此像自然一样在亢奋中说出神谕和智慧的箴言。它既是**难友**，也是从世界的心灵里宣告真理的哲人。聪明而热情奔放的萨提儿，这个幻想的、似乎很不文雅的形象就这样产生了，他与酒神相比，既是"哑角"，是自然及其最强烈冲动的摹本，自然的象征，又是自然的智慧和艺术的宣告者，集音乐家、诗人、舞蹈家、巫师于一身。

　　酒神，这本来的舞台主角和幻象中心，按照上述观点和传统，在悲剧的最古老时期并非真的在场，而只是被想象为在场。也就是说，悲剧本来只是"合唱"，而不是"戏剧"。直到后来，才试图把这位神灵作为真人显现出来，使这一幻象及其灿烂的光环可以有目共睹。于是便开始有狭义的"戏剧"。现在，酒神颂歌队的任务是以酒神的方式使听众的情绪激动到这地步：当悲剧主角在台上出现时，他们看到的绝非难看的戴面具的人物，而是仿佛从他们自己

101

的迷狂中生出的幻象。我们不妨想象一下阿德墨托斯[1]，他日思暮想地深深怀念他那新亡的妻子阿尔刻提斯，竭精殚虑地揣摩着她的形象，这时候，一个蒙着面纱的女子突然被带到他面前，体态和走路姿势都酷似他妻子；我们不妨想象一下他突然感到的颤抖着的不安，他的迅疾的估量，他的直觉的确信——那么，我们就会有一种近似的感觉了，酒神式激动起来的观众就是怀着这种感觉看见被呼唤到舞台上的那个他准备与之共患难的神灵的。他不由自主地把他心中魔幻般颤动的整个神灵形象移置到那个戴面具的演员身上，而简直把后者的实际消解在一种精神的非现实之中。这是日神的梦境，日常世界在其中变得模糊不清，一个比它更清晰、更容易理解、更动人心弦然而毕竟也更是幻影的新世界在不断变化中诞生，使我们耳目一新。因此，我们在悲剧中看到两种截然对立的风格：语言、情调、灵活性、说话的原动力，一方面进入酒神的合唱抒情，另一方面进入日神的舞台梦境，成为彼此完全不同的表达领域。酒神冲动在其中客观化自身的日神现象，不再是像歌队音乐那样的"一片永恒的海，一匹变幻着的织物，一个炽热的生命"，不再是使热情奔放的酒神仆人预感到神的降临的那种只可意会不可目睹的力量。现在，史诗的造型清楚明

---

1 阿德墨托斯（Admetus），希腊神话中阿尔戈英雄之一，其妻阿尔刻提斯（Alcestis）以钟情丈夫著名，自愿代丈夫就死。英雄赫拉克勒斯为之感动，从死神手中夺回阿尔刻提斯，把她用面纱遮着送回阿德墨托斯面前。

白地从舞台上向他显现。现在,酒神不再凭力量,而是像史诗英雄一样几乎用荷马的语言来说话了。

九、埃斯库罗斯和索福克勒斯的主角的酒神本质

索福克勒斯笔下的俄狄浦斯试图破解自然之谜，埃斯库罗斯笔下的普罗米修斯因盗火而亵渎奥林匹斯神界，二者皆试图摆脱个体化的界限而成为世界生灵本身，并为此而受苦，说明希腊悲剧主角具有酒神本质。

在希腊悲剧的日神部分中，在对白中，表面的一切看上去都单纯、透明、美丽。在这个意义上，对白是希腊人的一幅肖像。他们的天性也显露在舞蹈中，因为舞蹈时最强大的力量尽管只是潜在的，却通过动作的灵活丰富而透露了出来。索福克勒斯的英雄们的语言因其日神的确定性和明朗性而如此出乎我们的意料，以至于我们觉得一下子瞥见了他们最深层的本质，不免惊诧通往这一本质的道路竟如此之短。然而，我们一旦看出，英雄表面的和其变化历历可见的性格无非是投射在暗壁上的光影，即彻头彻尾的现象，此外别无其他，从而宁可去探究映照在这明亮镜面上的神话本身，那么，我们就突然体验到了一种同熟知的光学现象恰好相反的现象。

如果我们强迫自己直视太阳，然后因为太刺眼而掉过脸去，就会有好像起治疗作用的暗淡色斑出现在我们眼前。相反，索福克勒斯的英雄的光影现象，简言之，化妆的日神现象，却是瞥见了自然之秘奥和恐怖的必然产物，就像用来医治因恐怖黑夜而失明的眼睛的闪光斑点。只有在这个意义上，我们才可自信正确理解了"希腊的乐天"这一严肃重要的概念。否则，我们当然会把今日随处可见的那种安全舒适心境误当作这种乐天。

希腊舞台上最悲惨的人物，不幸的**俄狄浦斯**，在索福克勒斯笔下是一位高尚的人。他尽管聪慧，却命定要陷入错误和灾难，但终于通过他的大苦大难在自己周围施展了一种神秘的赐福力量，这种力量在他去世后仍起作用。深沉的诗人想告诉我们，这位高尚的人并没有犯罪。每种法律，每种自然秩序，甚至道德世界，都会因他的行为而毁灭，一个更高的神秘的影响范围却通过这行为而产生了，它把一个新世界建立在被推翻的旧世界的废墟之上。这就是诗人想告诉我们的东西，因为他同时是一位宗教思想家。作为诗人，他首先指给我们看一个错综复杂的过程之结，执法者一环一环地逐步把它解开，导致他自己的毁灭。这种辩证的解决所引起的真正希腊式的快乐如此之大，以致明智的乐天气氛弥漫全剧，处处缓解了对这过程的恐惧的预见。在《俄狄浦斯在科罗诺斯》[1]中，我们所见到的正是这种乐天，不过被无限地神化了。

---

1 《俄狄浦斯在科罗诺斯》，索福克勒斯最著名的悲剧作品。

这个老人遭到奇灾大祸，完全像**苦命人**一样忍辱负重，在他面前一种超凡的乐天降自神界，晓喻我们：英雄在他纯粹消极的态度中达到了超越他生命的最高积极性，而他早期生涯中自觉的努力和追求却只是引他陷于消极。俄狄浦斯寓言的过程之结在凡人眼中乃是不可解地纠缠着，在这里却逐渐解开了——而在这神圣的辩证发展中，人间至深的快乐突然降临于我们。如果我们这种解释符合诗人的本意，终究还可追问：这神话的内涵是否就此被穷尽了？很显然，诗人的全部见解正是在一瞥深渊之后作为自然的治疗出现在我们眼前的那光影。俄狄浦斯，这弑父的凶手，这娶母的奸夫，这斯芬克斯之谜的解破者！这神秘的三重厄运告诉我们什么呢？有一种古老的，特别是波斯的民间信念，认为一个智慧的巫师只能由乱伦诞生。考虑一下破谜和娶母的俄狄浦斯，我们马上就可以这样来说明上述信念：凡是现在和未来的界限、僵硬的个体化法则，以及一般来说自然的固有魔力被预言的神奇力量制服的地方，必定已有一种非常的反自然现象——譬如这里所说的乱伦——作为原始事件先行发生。因为，若不是成功地反抗自然，也就是依靠非自然的手段，又如何能迫使自然暴露其秘密呢？我从俄狄浦斯那可怕的三重厄运中洞悉了这个道理，他解破了自然这双重性质的斯芬克斯之谜，必须还作为弑父的凶手和娶母的奸夫打破最神圣的自然秩序。的确，这个神话好像要悄声告诉我们：智慧，特别是酒神的智慧，乃是反自然的恶德，谁用知识把自然推向毁灭的深渊，他必身受自然的解体。"智慧之锋芒反过来刺伤智者；智慧是一种危害自然的罪行"——这个神话向我们喊出如此骇人之言。然而，希腊诗人如同一束阳光照射到这个神话的庄严可怖的曼侬像柱[1]上，于是它突然开始奏鸣——按着索福克勒斯的旋律！

现在我举出闪耀在埃斯库罗斯的**普罗米修斯**四周的积极性的光荣，来同消极性的光荣进行对照。思想家埃斯库罗斯在剧中要告诉我们的东西，他作为诗人却只是让我们从他的譬喻形象去猜度；但青年歌德在他的普罗米修斯的豪言壮语里向我们揭示了：

> 我坐在这里，塑造人，
> 按照我的形象，
> 一个酷似我的族类，
> 去受苦，去哀伤，
> 去享乐，去纵情欢畅，
> 唯独不把你放在心上，
> 就像我一样！

这个上升为提坦神的人用战斗赢得了他自己的文明，迫使诸神同他联盟，因为他凭他特有的智慧掌握着诸神的存在和界限。这首普罗米修斯颂诗按其基本思想是对渎神行为的

---

[1] 曼侬（Memnon），荷马史诗《奥德修记》中的美男子。底比斯附近有一像柱，传说是曼侬的像柱，朝阳照射其上，便发出音乐之声。

真正赞美,然而它最惊人之处却是埃斯库罗斯的深厚**正义**感:一方面是勇敢的"个人"的无量痛苦,另一方面是神的困境,对于诸神末日的预感,这两个痛苦世界的力量促使和解,达到形而上的统一——这一切最有力地提示了埃斯库罗斯世界观的核心和主旨,他认为命数是统治着神和人的永恒正义。埃斯库罗斯如此胆大包天,竟然把奥林匹斯神界放在他的正义天秤上去衡量,使我们不能不鲜明地想到,深沉的希腊人在其秘仪中有一种牢不可破的形而上学思想基础,他们的全部怀疑情绪会对着奥林匹斯突然爆发。尤其是希腊艺术家,在想到这些神灵时,体验到了一种相互依赖的隐秘感情。正是在埃斯库罗斯的普罗米修斯身上,这种感情得到了象征的表现。这位提坦艺术家怀有一种坚定的信念,相信自己能够创造人,至少能够毁灭奥林匹斯众神。这要靠他的高度智慧来办到,为此他不得不永远受苦来赎罪。为了伟大天才的这个气壮山河的"能够",完全值得付出永远受苦的代价,**艺术家的崇高的自豪**——这便是埃斯库罗斯剧诗的内涵和灵魂。相反,索福克勒斯却在他的俄狄浦斯身上奏起了圣徒凯旋的序曲。然而,用埃斯库罗斯这部剧诗,还是不能测出神话本身深不可测的恐怖。艺术家的生成之快乐,反抗一切灾难的艺术创作之喜悦,毋宁说只是倒映在黑暗苦海上的一片灿烂的云天幻景罢了。普罗米修斯的传说原是整个雅利安族的原始财产,是他们擅长忧郁悲惨题材的才能的一个证据。当然不能排除以下可能:这一神话传说对雅利安人来说恰好具有表明其性格的价值,犹如人类堕落的神话传说对于闪米特人具有同样价值一样,两种神话之间存在着一种兄妹的亲属关系。普罗米修斯神话的前提是天真的人类对于火的过高估价,把它看作每种新兴文化的真正守护神。可是,人要自由地支配火,而不只是依靠天空的赠礼例如燃烧的闪电和灼热的日照取火,这在那些沉静的原始人看来不啻是一种亵渎,是对神圣自然的掠夺。第一个哲学问题就这样设置了人与神之间一个难堪而无解的矛盾,把它如同一块巨石推到每种文化的门前。凡人类所能享有的尽善尽美之物,必通过一种亵渎而后才能到手,并且从此一再要自食其果,受冒犯的上天必降下苦难和忧患的洪水,侵袭高贵地努力向上的人类世代。这种沉重的思想以亵渎为**尊严**,因此而同闪米特的人类堕落神话形成奇异对照,在后者中,好奇、欺瞒、诱惑、淫荡,一句话,一系列主要是女性的激情被视为万恶之源。雅利安观念的特点却在于把**积极的罪行**当作普罗米修斯的真正德行这种崇高见解。与此同时,它发现悲观悲剧的伦理根据就在于为人类的灾祸**辩护**,既为人类的罪过辩护,也为因此而蒙受的苦难辩护。事物本质中的不幸,——深沉的雅利安人无意为之辩解开脱,——世界心灵中的冲突,向他显现为不同世界例如神界和人界的一种混淆,其中每一世界作为个体来看都是合理的,作为相互并存的单个世界却要为了它们的个体化而受苦。当个人渴望融入大全(das Allgemeine)时,当他试图摆脱个体化的界限而成为**唯一的**世界生灵本身时,他就亲身经受了那隐匿于事物中的原始冲突,也就是说,他亵渎和受苦了。因此,雅利安人把亵渎看作男性的,闪米特人把罪恶看作女性的,正如原始亵渎由男人所犯，原罪由女人所犯。再则，女巫歌队唱道：

> 我们没有算得丝毫不爽，
> 总之女人走了一千步长，
> 尽管她们走得多么匆忙，
> 男人只须一跃便能赶上。

谁懂得普罗米修斯传说的最内在核心在于向提坦式奋斗着的个人显示亵渎之必要，谁就必定同时感觉到这一悲观观念的非日神性质。因为日神安抚个人的办法，恰是在他们之间划出界限，要求人们认识自己和适度，提醒人们注意这条界限是神圣的世界法则。可是，为了使形式在这种日神倾向中不致凝固为埃及式的僵硬和冷酷，为了在努力替单片波浪划定其路径和范围时，整个大海不致静死，酒神激情的洪波随时重新冲毁日神"意志"试图用来片面规束希腊世界的一切小堤坝。然后，这骤然汹涌的酒神洪波背负起个人的单片小浪，就像普罗米修斯的兄弟、提坦族的阿特拉斯[1]背负起地球一样。这提坦式的冲动乃是普罗米修斯精神与酒神精神之间的共同点，好像要变成一切个人的阿特拉斯，用巨背把他们越举越高，越举越远。在这个意义上，埃斯库罗斯的普罗

1　阿特拉斯（Atlas），提坦神，因为参加反对奥林匹斯诸神的斗争而被罚肩扛天宇。

米修斯是一副酒神的面具,而就上述深刻的正义感而言,埃斯库罗斯却又泄露了他来自日神这个体化和正义界限之神、这明智者的父系渊源。埃斯库罗斯的普罗米修斯的二重人格,他兼备的酒神和日神本性,或许能够用一个抽象公式来表达:"一切现存的都兼是合理的和不合理的,在两种情况下有同等的权利。"

　　这就是你的世界!这就叫作世界!——

十、希腊悲剧的主角是经历个体化痛苦的酒神

希腊悲剧在其最古老的形态中仅仅以酒神的受苦为题材。在欧里庇得斯之前,亲自经历个体化痛苦的酒神一直是悲剧主角,希腊舞台上一切著名角色普罗米修斯、俄狄浦斯等等,都只是这位最初主角酒神的面具。在悲剧产生之前,希腊神话因被纳入史实的轨道而濒临死亡,希腊悲剧使它回光返照和再度繁荣,达到它最深刻的内容和最传神的形式。

这是一个无可争辩的传统:希腊悲剧在其最古老的形态中仅仅以酒神的受苦为题材,而长时期内唯一登场的舞台主角就是酒神。但是,可以以同样的把握断言,在欧里庇得斯之前,酒神一直是悲剧主角,相反,希腊舞台上一切著名角色普罗米修斯、俄狄浦斯等等,都只是这位最初主角酒神的面具。在所有这些面具下藏着一个神,这就是这些著名角色之所以具有如此惊人的、典型的"理想"性的主要原因。我不知道谁曾说过,一切个人作为个人都是喜剧性的,因而是

非悲剧性的。由此可以推断：希腊人一般不能容忍个人登上悲剧舞台。事实上，他们确乎使人感到，柏拉图对"理念"与"偶像"、摹本的区分和评价一般来说是如何深深地植根于希腊人的本质之中。可是，为了使用柏拉图的术语，我们不妨这样论述希腊舞台上悲剧形象的塑造：一个真实的酒神显现为多种形态，化装为好像陷入个别意志罗网的战斗英雄。现在，这位出场的神灵像犯着错误、挣扎着、受着苦的个人那样说话行事。一般来说，他以史诗的明确性和清晰性**显现**，是释梦者日神的功劳，日神用譬喻现象向歌队说明了他的酒神状态。然而，实际上这位英雄就是秘仪所崇奉的**受苦**的酒神，就是那位亲自经历个体化痛苦的神。一个神奇的神话描述了他怎样在幼年被提坦众神肢解，在这种情形下又怎样作为查格留斯[1]备受尊崇。它暗示，这种肢解，本来意义上的酒神的受苦，即是转化为空气、水、土地和火。因此，我们必须把个体化状态看作一切痛苦的根源和始因，看作本应鄙弃的事情。从这位酒神的微笑产生了奥林匹斯众神，从他的眼泪产生了人。在这种存在中，作为被肢解了的神，酒神具有

---

1 查格留斯（Zagreus），酒神狄俄尼索斯的别名。在希腊不同教派的传说中，酒神有不同的别名和经历。按照俄耳甫斯秘仪教派的版本，酒神起初为宙斯与其女儿、冥后珀耳塞福涅所生，名叫查格留斯，幼年时最受父亲宠爱，常坐在父亲宝座旁边。嫉妒的赫拉鼓动提坦杀他，宙斯为了救他，先把他变成山羊，后把他变成公牛。但是，提坦众神仍然捕获了他，把他肢解并煮烂。雅典娜救出了他的心脏，宙斯把它交给地母塞墨勒（Semele），她吞食后怀孕，将他重新生出，取名为狄俄尼索斯。

一个残酷野蛮的恶魔和一个温和仁慈的君主的双重天性。但是，秘仪信徒们的希望寄托于酒神的新生，我们现在要充满预感地把这新生理解为个体化的终结，秘仪信徒们向这正在降生的第三个酒神狂热地欢呼歌唱。只是靠了这希望，支离破碎的、分裂为个体的世界的容貌上才焕发出一线快乐的光芒。正如狄米特[1]的神话所象征的一样，她沉沦在永久的悲哀里，当她听说她能**再一次**生育酒神时，她才头一回重新**快乐**起来。在上述观点中，我们已经具备一种深沉悲观的世界观的一切要素，以及**悲剧的秘仪学说**，即：认识到万物根本上浑然一体，个体化是灾祸的始因，艺术是可喜的希望，由个体化魅惑的破除而预感到统一将得以重建。

前面曾经指出，荷马史诗是奥林匹斯文化的诗篇，它讴歌了奥林匹斯文化对提坦战争恐吓的胜利。现在，在悲剧诗作过分强大的影响下，荷马传说重新投胎，并通过这一轮回表明，奥林匹斯文化同时也被一种更深刻的世界观所击败。顽强的提坦神普罗米修斯向折磨他的奥林匹斯神预告，如果后者不及时同他联盟，最大的危险总有一天会威胁其统治。我们在埃斯库罗斯那里看到，惊恐不已、担忧自身末日的宙斯终于同这位提坦神联盟。这样，早先的提坦时代后来又从塔耳塔洛斯地狱[2]复起，重见天日。野蛮而袒露的自然界的哲

1　狄米特（Demeter），希腊神话中执掌农业、出生、婚姻、健康等的女神。

2　塔耳塔洛斯（Tartarus），希腊神话中地的最深处，地狱的最底层，战败的提坦神被囚禁在内。

学，带着真理的未加掩饰的面容，直视着荷马世界翩翩而过的神话。面对这位女神闪电似的目光，它们脸色惨白，悚然颤抖，直到酒神艺术家的铁拳迫使它们服务于新的神灵。酒神的真理占据了整个神话领域，以之作为它的认识的象征，并且部分地在悲剧的公开祭礼上，部分地在戏剧性秘仪节日的秘密庆典上加以宣说，不过始终披着古老神话的外衣。是什么力量拯救普罗米修斯于鹰爪之下，把这个神话转变为酒神智慧的凤辇？是音乐的赫拉克勒斯[1]般的力量。当它在悲剧中达到其最高表现时，能以最深刻的新意解说神话；我们在前面已经把这一点确定为音乐的最强能力。因为这是每种神话的命运：逐渐纳入一种所谓史实的狭窄轨道，被后世当作历史上一度曾有的事实对待。而希腊人已经完全走在这条路上，把他们全部神话的青春梦想机智而任性地标记为实用史学的**青年期历史**。因为宗教常常如此趋于灭亡：在正统教条主义的严格而理智的目光下，一种宗教的神话前提被当作历史事件的总和而加以系统化，而人们则开始焦虑不安地捍卫神话的威信，同时却反对它的任何自然而然的继续生存和繁荣；神话的心境因此慢慢枯死，被宗教对于历史根据的苛求取而代之。现在，新生的酒神音乐的天才抓住了这濒死的神话，在他手上，它呈现出前所未有的色彩，散发出使人热烈憧憬一个形而上世界的芳香，又一次繁荣了。在这回光返照之后，

---

[1] 赫拉克勒斯（Herakles），希腊神话中的英雄，以勇敢无敌、力大无穷著称。

它便蔫然凋敝，枝叶枯萎，而玩世不恭的古人卢奇安[1]之流立刻追逐起随风飘零、褪色污损的花朵来。神话借悲剧而达到它最深刻的内容，它最传神的形式；它再次挣扎起来，犹如一位负伤的英雄，而全部剩余的精力和临终者明哲的沉静在它眼中燃起了最后的灿烂光辉。

渎神的欧里庇得斯呵，当你想迫使这临终者再次欣然为你服务时，你居心何在呢？它死在你粗暴的手掌下，而现在你需要一种伪造的冒牌的神话，它如同赫拉克勒斯的猴子那样，只会用陈旧的铅华涂抹自己。而且，就像神话对你来说已经死去一样，音乐的天才对你来说同样已经死去。即使你贪婪地搜掠一切音乐之园，你也只能拿出一种伪造的冒牌的音乐。由于你遗弃了酒神，所以日神也遗弃了你；从他们的地盘上猎取全部热情并将之禁锢在你的疆域内吧，替你的主角们的台词磨砺好一种诡辩的辩证法吧——你的主角们仍然只有模仿的冒充的热情，只讲模仿的冒充的语言。

---

[1] 卢奇安（Lucian，约120—约180），希腊修辞学家、讽刺作家，作品以机智辛辣著称。

十一、希腊悲剧经由欧里庇得斯走向衰亡

> 欧里庇得斯把观众和世俗生活带上舞台,让市民的平庸在舞台上畅所欲言,导致希腊悲剧衰亡,并为新喜剧的产生开辟了道路。"公众"是一种仅仅靠数量显示其强大的力量,艺术家不应该去迎合。

希腊悲剧的灭亡不同于一切姊辈艺术:它因一种不可解决的冲突自杀而死,甚为悲壮,而其他一切艺术则享尽天年,寿终正寝。如果说留下美好的后代,未经挣扎便同生命告别,才符合幸运的自然状态,那么,姊辈艺术的结局就向我们显示了这种幸运的自然状态。她们慢慢地衰亡,而在她们行将熄灭的目光前,已经站立着更美丽的继承者,以勇敢的姿态急不可待地昂首挺胸。相反,随着希腊悲剧的死去,出现了一个到处都深深感觉到的巨大空白;就像提比略[1]时代的希腊舟子们曾在一座孤岛旁听到凄楚的呼叫:"大神潘[2]死了!"现

---

1 提比略(Tiberius,公元前42—公元37),古罗马第二代皇帝。
2 潘(Pan),山林之神,牧人、猎人及牲畜的保护者。

在一声悲叹也回响在希腊世界:"悲剧死了!诗随着悲剧一去不复返了!滚吧,带着你们萎缩羸弱的子孙滚吧!滚到地府去,在那里他们还能够就着先辈大师的残羹剩饭饱餐一顿!"

然而,这时毕竟还有一种新的艺术繁荣起来了,她把悲剧当作先妣和主母来尊敬,但又惊恐地发现,尽管她生有她母亲的容貌,却是母亲在长期的垂死挣扎中露出的愁容。经历悲剧的这种垂死挣扎的是**欧里庇得斯**;那后起的艺术种类作为**阿提卡新喜剧**[1]而闻名。在她身上,悲剧的变质的形态继续存在着,作为悲剧异常艰难而暴烈的死亡的纪念碑。

与此相关联,新喜剧诗人对欧里庇得斯所怀抱的热烈倾慕便可以理解了。所以,斐勒蒙[2]的愿望也不算太奇怪了,这人愿意立刻上吊,只要他确知人死后仍有理智,从而可以到阴府去拜访欧里庇得斯。然而长话短说,勿须赘述欧里庇得斯同米南德[3]和斐勒蒙究竟有何共同之处,又是什么对他们生出如此激动人心的示范作用,这里只须指出一点:欧里庇得斯**把观众**带上了舞台。谁懂得在欧里庇得斯之前,普罗米修斯的悲剧作家们是用什么材料塑造他们的主角的,把现实的忠实面具搬上舞台这般意图距离他们又有多么远,他就会对欧里庇得斯的背道而驰倾向了如指掌了。靠了欧里庇得斯,世俗的人从观众厅挤上舞台,从前只表现伟大勇敢面容的镜子,

---

1 新喜剧,指公元前4世纪末以后雅典被马其顿统治时期的喜剧,以表现世俗生活、人物模式化、结构简单为特征。
2 斐勒蒙(Philemon,公元前363—前263),希腊新喜剧作家。
3 米南德(公元前342—前292),希腊最重要的新喜剧作家。

现在却显示一丝不苟的忠实,甚至故意再现自然的败笔。俄底修斯[1],这位古代艺术中的典型希腊人,现在在新诗人笔下堕落成格拉库罗斯(Graeculus)的角色,从此作为善良机灵的家奴占据了戏剧趣味的中心。在阿里斯托芬[2]的《蛙》中,欧里庇得斯居功自傲,因为他用他的"家常便药"使悲剧艺术摆脱了气派的将军肚,这首先能从他的悲剧主角身上感觉到。现在,观众在欧里庇得斯的舞台上看到听到的其实是自己的化身,而且为这化身如此能说会道而沾沾自喜。甚至不仅是沾沾自喜,还可以向欧里庇得斯学习说话,他在同埃斯库罗斯的竞赛中,就以能说会道而自豪。如今,人民从他学会了按照技巧,运用最机智的诡辩术,来观察、商谈和下结论。通过公众语言的这一改革,他使新喜剧一般来说成为可能。因为,从此以后,世俗生活怎样和用何种格言才能在舞台上抛头露面,已经不再是秘密了。市民的平庸,乃欧里庇得斯的全部政治希望之所在,现在畅所欲言了,而从前却是由悲剧中的半神、喜剧中的醉鬼萨提儿或半人决定语言特性的。阿里斯托芬剧中的欧里庇得斯引以为荣的是,他描绘了人人都有能力判断的普通的、众所周知的、日常的生活。倘若现在全民推究哲理,以前所未闻的精明管理土地、财产和进行

---

1 俄底修斯(Odysseus),神话中的伊塔刻岛国王,《伊利亚特》和《奥德修》两大史诗中的主人公。
2 阿里斯托芬(Aristophanes,公元前446—前385),古希腊最著名的喜剧作家。现存喜剧11部,代表作为《阿卡奈人》《鸟》《蛙》等。

诉讼，那么，这是他的功劳，是他向人民灌输智慧的结果。

现在，新喜剧可以面向被如此造就和开蒙的大众了，欧里庇得斯俨然成了这新喜剧的歌队教师；不过这一回，观众的歌队尚有待训练罢了。一旦他们学会按照欧里庇得斯的调子唱歌，新喜剧，这戏剧的棋赛变种，靠着斗智耍滑头不断取胜，终于崛起了。然而，歌队教师欧里庇得斯仍然不断受到颂扬，人们甚至宁愿殉葬，以便继续向他求教，殊不知悲剧诗人已像悲剧一样死去了。可是，由于悲剧诗人之死，希腊人放弃了对不朽的信仰，既不相信理想的过去，也不相信理想的未来。"像老人那样粗心怪僻"这句著名的墓志铭，同样适用于衰老的希腊化时代。得过且过，插科打诨，粗心大意，喜怒无常，是他们至尊的神灵。第五等级即奴隶等级，现在至少在精神上要当权了。倘若现在一般来说还可以谈到"希腊的乐天"，那也只是奴隶的乐天，奴隶毫无对重大事物的责任心，毫无对伟大事物的憧憬，丝毫不懂得给予过去和未来比现在更高的尊重。"希腊的乐天"的这种表现如此激怒了基督教社会头四个世纪那些深沉而可畏的天性，在他们看来，对于严肃恐怖事物的这种女人气的惧怕，对于舒适享受的这种怯懦的自满自足，不但是可鄙的，而且尤其是真正的反基督教的精神状态。由于这种精神状态的影响，越过若干世纪流传下来的希腊古代的观点，不屈不挠地保持着那种淡红的乐天色彩——好像从来不曾有过公元前6世纪和它的悲剧的诞生，它的秘仪崇拜，它的毕达哥拉斯[1]和赫拉克利特[2]似的，甚至好像根本不曾有过那个伟大时代的艺术品似的。这种种现象就其自身而言，毕竟完全不能从如此衰老和奴性的生存趣味及乐天的土壤得到说明，它们显然有一种完全不同的世界观作为其存在的基础。

我们曾经断言，欧里庇得斯把观众带上舞台，也是为了使观众第一回真正有能力评判戏剧。这会造成一种误解，似乎更早的悲剧艺术是从一种同观众相脱节的情形中产生的。人们还会赞扬欧里庇得斯的激进倾向，即建立起艺术品与公众之间的适应关系，认为这是比索福克勒斯前进了一步。然而，"公众"不过是一句空话，绝无同等的和自足的价值。艺术家凭什么承担义务，要去迎合一种仅仅靠数量显示其强大的力量呢？当他觉得自己在才能上和志向上超过观众中任何一人的时候，面对所有这些比他低能的人的舆论，他又怎能感觉到比对于相对最有才能的一个观众更多的尊敬呢？事实上，没有一个希腊艺术家比欧里庇得斯更加趾高气扬地对待自己的观众了；甚至当群众拜倒在他脚下时，他自己就以高尚的反抗姿态公开抨击了他自己的倾向，而他正是靠这倾向征服群众的。如果这位天才在公众的喧噪面前过于卑怯，在他事业的鼎盛时期之前很久，他就会在失败的打击下一蹶不振了。

---

[1] 毕达哥拉斯（Pythagoras，约公元前580—约500），古希腊哲学家。

[2] 赫拉克利特（Heracleitus，约公元前540—约前480），古希腊哲学家。

由此看来，我们说欧里庇得斯为了使观众真正具备判断力而把他们带上舞台，这一表达只是权宜的说法，我们必须寻求对他的意图的更深的理解。相反，谁都知道，埃斯库罗斯和索福克勒斯终其一生，甚至在其身后，都深受人民爱戴，因而，在欧里庇得斯的这些先辈那里，绝对谈不上艺术品与公众之间的脱节。是什么东西如此有力地驱使这位才华横溢、渴望不断创造的艺术家离开那条伟大诗人名声之太阳和人民爱戴之晴空照耀着的道路？是什么样的对观众的古怪垂怜致使他忤逆观众？他如何能因过分重视他的公众而至于藐视他的公众？

这个谜的解答就是：欧里庇得斯觉得自己作为诗人比群众高明得多，可是不如他的两个观众高明。他把群众带到舞台上，而把那两个观众尊为他的全部艺术的仅有的合格判官和大师。遵从他们的命令和劝告，他把整个感觉、激情和经验的世界，即至今在每次节日演出时作为看不见的歌队被安置在观众席上的这个世界，移入他的舞台主角们的心灵里。当他也为这些新角色寻找新词汇和新音调时，他向他们的要求让步。当他一再受到公众舆论谴责时，只有从他们的声音里，他才听到对他的创作的有效判词，犹如听到必胜的勉励。

这两个观众之一是欧里庇得斯自己，作为**思想家**而不是作为诗人的欧里庇得斯。关于他可以说，他的批评才能异常丰富，就好像在莱辛身上一样，如果说不是产生出了一种附带的生产性的艺术冲动，那么也是使这种冲动不断受了胎。带着这种才能，带着他的批评思想的全部光辉和敏捷，欧里庇得斯坐在剧场里，努力重新认识他的伟大先辈的杰作，逐行逐句推敲，如同重新认识褪色的名画一样。此时此刻，他遇到了对洞悉埃斯库罗斯悲剧秘奥的人来说不算意外的情况：他在字里行间发现了某种无与伦比的东西，一种骗人的明确，同时又是一种谜样的深邃，甚至是背景的无穷性。最显明的人物也总是拖着一条彗尾，这彗尾好像意味着缥缈朦胧的东西。同样的扑朔迷离笼罩着戏剧的结构，尤其是笼罩着歌队的含义。而伦理问题的解决在他看来是多么不可靠！神话的处理是多么成问题！幸福和不幸的分配是多么不均匀！甚至在早期悲剧的语言中，许多东西在他看来也是不体面的，至少是难以捉摸的，特别是他发现了单纯的关系被处理得过分浮华，质朴的性格被处理得过分热烈和夸大。他坐在剧场里，焦虑不安地苦苦思索，而后他这个观众向自己承认，他不理解他的伟大先辈。可是，他把理解看作一切创造力和创作的真正根源，所以他必须环顾四周，追问一下，究竟有没有人和他想得一样，也承认自己不理解。然而，许多人连同最优秀的人只是对他报以猜疑的微笑；却没有人能够向他说明，为什么尽管他表示疑虑和反对，大师们终究是对的。在这极痛苦的境况中，他找到了**另一个观众**，这个观众不理解悲剧，因此不尊重悲剧。同这个观众结盟使他摆脱孤立，有勇气对埃斯库罗斯和索福克勒斯的艺术作品展开可怕斗争——不是用论战文章，而是作为戏剧诗人，用他的悲剧观念反抗传统的悲剧观念。

十二、希腊悲剧死于"理解然后美"的原则

欧里庇得斯致力于把酒神因素从悲剧中排除出去，又未能达到史诗的日神效果。他用理性思考取代日神的直观，用激情和雄辩取代酒神的兴奋，二者皆是非艺术的。借他之口说话的神祇不是酒神，也不是日神，而是苏格拉底。他的审美原则"理解然后美"恰与苏格拉底的"知识即美德"相平行。希腊悲剧毁灭于苏格拉底精神。

在说出另一个观众的名字之前，让我们在这里稍停片刻，以便回顾一下前面谈到的对于埃斯库罗斯悲剧之本质中的矛盾性和荒谬性的印象。让我们想一想我们自己对于此种悲剧的**歌队**和**悲剧主角**所感到的诧异，我们觉得两者同我们的习惯难以协调，就像同传统难以协调一样——直到我们重新找到那作为希腊悲剧之起源和本质的二元性本身，它是**日神和酒神**这两种彼此交织的艺术本能的表现。

把那原始的全能的酒神因素从悲剧中排除出去，把悲剧完全的重新建立在非酒神的艺术、风俗和世界观基础之

上——这就是现在已经暴露在光天化日之下的欧里庇得斯的意图。

欧里庇得斯本人在他的晚年，在一部神话剧里，向他的同时代人异常强调地提出了关于这种倾向的价值和意义的问题。一般来说酒神因素容许存在吗？不要强行把它从希腊土地上铲除吗？诗人告诉我们，当然要的，倘若能够做到的话；可是酒神是太强大了，最聪明的对手——就像《酒神伴侣》中的彭透斯[1]一样——也在无意中被他迷住了，然后就带着这迷惑奔向自己的厄运。卡德摩斯和忒瑞西阿斯[2]二位老人的判断看来也是这老诗人的判断：大智者的考虑不要触犯古老的民间传统，不要触犯由来已久的酒神崇敬，合宜的做法毋宁是对如此神奇的力量表示一种外交式审慎的合作。然而，这时酒神终归还可能对如此半心半意的合作感到恼怒，并且终于把外交家（在这里是卡德摩斯）化为一条龙。这是一位诗人告诉我们的，他以贯穿漫长一生的英勇力量同酒神对立，却是为了最终以颂扬其敌手和自杀结束自己的生涯，就像一个眩晕的人仅仅为了逃避可怕的难以忍受的天旋地转，而从高塔上跳了下来。这部悲剧是对他的倾向之可行性的一个抗议；可是它毕竟已经实行了呵！奇迹发生了：当诗人摒弃他的倾向之时，这倾向业已得胜。酒神已被逐出悲剧舞台，纵

1　彭透斯（Pentheus），希腊神话中的忒拜国王，他试图禁止妇女参加酒神节庆，被包括他母亲在内的酒神狂女们撕得粉碎。
2　卡德摩斯（Kadmus），忒拜城的建立者。忒瑞西阿斯（Tiresias），忒拜先知。

然是被借欧里庇得斯之口说话的一种魔力所驱逐的。欧里庇得斯在某种意义上也是面具,借他之口说话的神祇不是酒神,也不是日神,而是一个崭新的灵物,名叫**苏格拉底**。这是新的对立,酒神精神与苏格拉底精神的对立,而希腊悲剧的艺术作品就毁灭于苏格拉底精神。现在,欧里庇得斯也许要用他的改悔来安慰我们,但并不成功。富丽堂皇的庙宇化为一片瓦砾,破坏者捶胸顿足,供认这是一切庙宇中的佼佼者,于我们又有何益?作为惩罚,欧里庇得斯被一切时代的艺术法官变为一条龙,这一点可怜的赔偿又能使谁满意呢?

现在,我们来考察一下**苏格拉底**倾向,欧里庇得斯正是借此抗争和战胜埃斯库罗斯悲剧的。

欧里庇得斯想把戏剧仅仅建立在非酒神基础之上,我们现在必须追问一下,这一意图在得到最为理想的贯彻的情况下,目的究竟何在?倘若戏剧不是孕育于音乐的怀抱,诞生于酒神的扑朔迷离之中,它此外还有什么形式?只有**戏剧化的史诗**罢了。在此日神艺术境界中,当然达不到**悲剧**的效果。这里的问题并不在于被描述的事件的内容。我宁愿主张,歌德在他所构思的《瑙西卡》中,不可能使那牧歌人物的自杀(这预定要充斥第五幕)具有悲剧性动人效果。史诗和日神因素的势力如此强盛,以致最可怕的事物也借助对外观的喜悦及通过外观而获得的解脱,在我们的眼前化为幻境。戏剧化史诗的诗人恰如史诗吟诵者一样,很少同他的形象完全融合:他始终不动声色,冷眼静观面前的形象。这种戏剧化史诗中的演员归根到底仍是吟诵者;内在梦境的庄严气氛笼罩于他的全部姿势,因而他从来不完全是一个演员。

那么,欧里庇得斯的戏剧之于日神戏剧的这种理想的关系如何?就如同那青年吟诵者之于老一辈严肃的吟诵者的关系,在柏拉图的《伊安篇》(Jon)里,这个青年如此描述自己的性情:"我在朗诵哀怜事迹时,就满眼是泪;在朗诵恐怖事迹时,就毛骨悚然,心脏悸动。"在这里,我们再也看不到对于外观的史诗式的陶醉,再也看不到真正演员的无动于衷的冷静,真正的演员达到最高演艺时,完全成为外观和对外观的喜悦。欧里庇得斯是一个心脏悸动、毛骨悚然的演员;他作为苏格拉底式的思想家制订计划,作为情绪激昂的演员执行计划。无论在制订计划时还是在执行计划时,他都不是纯粹艺术家。所以,欧里庇得斯的戏剧是一种又冷又烫的东西,既可冻结又可燃烧。它一方面尽其所能地摆脱酒神因素,另一方面又未能达到史诗的日神效果。因此,现在为了一般能产生效果,就需要新的刺激手段,这种手段现在不再属于两种仅有的艺术冲动即日神冲动和酒神冲动的范围。它既是冷漠悖理的**思考**——以取代日神的直观,和炽烈的**情感**——以取代酒神的兴奋,而且是惟妙惟肖地伪造出来的、绝对不能进入艺术氛围的思想和情感。

我们既已十分明了,欧里庇得斯要把戏剧独独建立在日神基础之上是完全不成功的,他的非酒神倾向反而迷失为自然主义的非艺术的倾向,那么,我们现在就可以接近**审美苏格拉底主义**的实质了,其最高原则大致可以表述为"理解然后美",恰与苏格拉底的"知识即美德"彼此呼应。欧里庇得斯手持这一教规，衡量戏剧的每种成分——语言，性格，戏剧结构，歌队音乐；又按照这个原则来订正它们。在同索福克勒斯的悲剧作比较时，欧里庇得斯身上通常被我们看作诗的缺陷和退步的东西，多半是那种深入的批判过程和大胆的理解的产物。我们可以举出欧里庇得斯的**开场白**，当作这种理性主义方法的后果的显例。再也没有比欧里庇得斯的戏剧开场白更违背我们的舞台技巧的东西了。在一出戏的开头，总有一个人物登场自报家门，说明剧情的来龙去脉，迄今发生过什么，甚至随着剧情发展会发生什么，在一个现代剧作家看来，这是对悬念效果的冒失的放弃，全然不可原谅。既然已经知道即将发生的一切事情，谁还肯耐心等待它们真的发生呢？——在这里，甚至连一个预言的梦也总是同一个后来发生的事实吻合，绝无振奋人心的对比。可是，欧里庇得斯却有完全不同的考虑。悲剧的效果从来不是靠史诗的悬念，靠对于现在和即将发生的事情的惹人的捉摸不定；毋宁是靠重大的修辞抒情场面，在其中，主角的激情和雄辩扬起壮阔汹涌的洪波。一切均为激情、而不是为情节而设，凡不是为激情而设的，即应遭到否弃。然而，最严重地妨碍一个观众兴致勃勃地欣赏这种场面的，便是他不知道某一个环节，剧情前史的织物上有一个漏洞；观众尚须如此长久地揣摩这个那个人物意味着什么，这种那种倾向和意图的冲突有何前因，他就不可能全神贯注于主角的苦难和行为，不可能屏声息气与之同苦共忧。埃斯库罗斯和索福克勒斯的悲剧运用最巧妙的艺术手段，在头几场里就把剧情的全部必要线索，好像在无意中交到观众手上。这是显示了大手笔的笔触，仿佛遮掩了**必然的**形式，而使之作为偶然的东西流露出来。但是，欧里庇得斯仍然相信，他发现在头几场里，观众格外焦虑地要寻求剧情前史的端倪，以致忽略了诗的美和正文的激情。所以，他在正文前安排了开场白，并且借一个可以信赖的人物之口说出它来。常常是一位神灵出场，他好像必须向观众担保剧中的情节，消除对神话的真实性的种种怀疑。这正像笛卡尔[1]只有诉诸神的诚实无欺，才能证明经验世界的真实性一样。欧里庇得斯在他的戏剧的收场上，再次使用这种神的诚实，以便向观众妥善安排他的英雄的归宿。这就是声名狼藉的机械降神（deux ex machina）的使命。在史诗的预告和展望之间，横陈着戏剧性、抒情性的现在，即真正的"戏剧"。

因此，欧里庇得斯作为诗人，首先是他的自觉认识的回声；而正是这一点使他在希腊艺术史上占据了一个如此显著的地位。鉴于他的批判性创作活动，他必定常常勇于认为，他理应把阿那克萨哥拉[2]著作开头的话语活用于戏剧："泰初万物混沌，然后理性出现，创立秩序。"阿那克萨哥拉以其"理性"（Nous）的主张置身于哲学家之中，犹如第一个清醒者置身于喧哗的醉汉之中，欧里庇得斯能够按照一种相近的图式来理解他同其余悲剧诗人的关系。只要万物的唯一支配者和

---

1 笛卡尔（Rene Descartes，1596—1650），法国哲学家。
2 阿那克萨哥拉（Anaxagoras，约公元前500—约前428），古希腊哲学家。

统治者"理性"尚被排斥在艺术创作活动之外,万物就始终处于混乱的原始混沌状态。所以,欧里庇得斯必须作出决断,他必须以第一个"清醒者"的身份谴责那些"醉醺醺的"诗人。索福克勒斯说,埃斯库罗斯做了正确的事,虽则是无意中做的,欧里庇得斯却肯定不会持这种看法。在他看来,恰恰相反,埃斯库罗斯**正因为**是无意中做的,所以做了不正确的事。连神圣的柏拉图在谈到诗人的创作能力时,因为它不是一种有意识的理解,就多半以讽刺的口吻谈论,把它同预言者和释梦者的天赋相提并论;似乎诗人在失去意识和丧失理智之前,是没有能力作诗的。欧里庇得斯像柏拉图一样,试图向世界指出"非理性"诗人的对立面;正如我已经说过的,他的审美原则"理解然后美"是苏格拉底的"知识即美德"的平行原则。因此,我们可以把欧里庇得斯看作审美苏格拉底主义的诗人。然而,苏格拉底是不理解因而也不尊重旧悲剧的**第二个观众**;欧里庇得斯与他联盟,敢于成为一种新的艺术创作的先驱。既然在这种新艺术中,旧悲剧归于毁灭,那么,审美苏格拉底主义就是一种凶杀的原则。就这场斗争针对古老艺术的酒神因素而言,我们把苏格拉底认作酒神的敌人,认作起而反抗酒神的新俄耳甫斯[1],尽管他必定被雅典法庭的酒神侍女们撕成碎片,但他毕竟把这位无比强大的神灵赶

---

1 俄耳甫斯(Orpheus),传说中色雷斯的一个音乐和诗歌天才,善弹竖琴,他的琴声使得当时的人们拜他为神,野兽因之驯服,木石因之移动。据说色雷斯的女人们因为恨他不与自己交欢,在一次酒神狂欢节上把他撕为碎片。

跑了:当初酒神从伊多尼国王利库尔戈斯[1]那里逃脱,也是藏身于大海深处,即藏身在一种逐渐席卷全世界的秘仪崇拜的神秘洪水之中的。

---

1 利库尔戈斯(Lycurgus),希腊神话中酒神的敌人,后受到宙斯的惩罚。

十三、苏格拉底主义的核心是用逻辑否定本能

苏格拉底以"只是靠本能"为罪名谴责当时的艺术和道德。"苏格拉底的守护神"现象表明,他是一个否定的神秘主义者,在他身上逻辑天性过度发达,表现为一种可怕的自然力。

苏格拉底与欧里庇得斯倾向有密切联系,这一点没有逃过当时人的眼睛;最雄辩地表明这种可喜的敏锐感觉的是雅典流行的传说,说苏格拉底常常帮助欧里庇得斯作诗。每当需要列举当时蛊惑人心者时,"往古盛世"的拥护者们便一气点出这两个名字,认为下述情况要归咎于他们的影响:一种愈来愈可疑的教化使得体力和智力不断退化,身心两方面的马拉松式的矫健被牺牲掉了。阿里斯托芬的喜剧常常用半是愤怒半是轻蔑的调子谈这两人,现代人对此会感到惊恐,他们尽管乐意舍弃欧里庇得斯,可是,当苏格拉底在阿里斯托

芬那里被表现为最主要和最突出的**智者**[1]，被表现为智者运动的镜子和缩影时，他们就惊诧不已了。这时唯有一件事能给他们安慰，便是宣判阿里斯托芬本人是诗坛上招摇撞骗的亚尔西巴德[2]。这里无须替阿里斯托芬的深刻直觉辩护以反驳这种攻击，我继续从古人的感受出发来证明苏格拉底和欧里庇得斯的紧密联系。在这方面，特别应当回想一下，苏格拉底因为反对悲剧艺术，放弃了观看悲剧，只有当欧里庇得斯的新剧上演时，他才置身于观众中。然而，最著名的事例是，德尔斐神谕把这两个名字并提，它称苏格拉底为最智慧的人，并且断定智慧竞赛中的银牌属于欧里庇得斯。

索福克勒斯名列第三，他在埃斯库罗斯面前可以自豪，他做了正确的事，而且是因为他**知道**何为正确的事。很显然，这种知识的明晰度就是这三人之被褒为当时三位"有识之士"的原因。

不过，对于知识和见解的这种前所未闻的新的高度评价，最激烈的言论出诸苏格拉底之口，他发现自己是唯一承认自己一无所知的人；他在雅典作批判的漫游，拜访了最伟大的政治家、演说家、诗人和艺术家，到处遇见知识上的自负。他惊愕地发现，所有这些名流对于自己的本行并无真知灼见，

---

1 智者（Sophist），指公元前5至4世纪古希腊的某些演说家、作家、教师，靠演说获取酬金。

2 亚尔西巴德（Alcibiades），与阿里斯托芬同时期的雅典政治家，多次率军远征，政治上反复无常，不可信任。阿里斯托芬曾在剧中对他表示赞赏。

而只是靠本能行事。"只是靠本能"——由这句话，我们接触到了苏格拉底倾向的核心和关键。苏格拉底主义正是以此谴责当时的艺术和当时的道德，他用挑剔的眼光审视它们，发现它们缺少真知，充满幻觉，由真知的缺乏而推断当时已到荒唐腐败的地步。因此，苏格拉底相信他有责任匡正人生：他孑然一身，孤芳自赏，作为一种截然不同的文化、艺术和道德的先驱者，走进一个我们以敬畏之心探其一隅便要引为莫大幸运的世界里去了。

面对苏格拉底，我们每每感到极大的困惑，这种困惑不断地激励我们去认识古代这最可疑现象的意义和目的。谁敢于独树一帜，否定像荷马、品达、埃斯库罗斯、菲狄亚斯[1]、伯里克利[2]以及皮提亚[3]和狄俄尼索斯这样的天才，他岂非最深的深渊和最高的高峰，必能使我们肃然起敬？什么魔力竟敢于把这样的巫药倾倒在尘埃里？什么半神，人类最高贵者的歌队也必须向他高呼：

　　哀哉！哀哉！
　　你已经破坏
　　这美丽世界，

1　菲狄亚斯（Phidias），活动时期约公元前490到前430年，希腊雅典雕刻家，其主要作品是雅典卫城帕特农神庙的雕像和浮雕。
2　伯里克利（Perikles），古希腊民主派首领，公元前443—前429年为雅典最高领导者，他领导的时期为希腊奴隶制极盛时期。
3　皮提亚（Pythia），德尔斐神庙中的预言女祭司。

以铁拳一击，

它倒塌下来！

所谓"苏格拉底的守护神"这个奇怪的现象，为我们提供了了解苏格拉底的本质的钥匙。在特殊的场合，他的巨大理解力陷入犹豫之中，这时他就会听到一种神秘的声音，从而获得坚固的支点。这种声音来临时，总是**劝阻**的。直觉智慧在完全反常的性质中出现，处处只是为了阻止清醒的认识。在一切创造者那里，直觉都是创造和肯定的力量，而知觉则起批判和劝阻的作用；在苏格拉底，却是直觉从事批判，知觉从事创造——真是一件赤裸裸的（per defectum）大怪事！而且我们在这里看到每种神秘素质的畸形的缺陷（defectus），以致可以把苏格拉底称作**否定的神秘主义者**，在他身上逻辑天性因重孕而过度发达，恰如在神秘主义者身上直觉智慧过度发达一样。然而，另一方面，苏格拉底身上出现的逻辑冲动对自己却完全不讲逻辑，它奔腾无羁，表现为一种自然力，如同我们所见到的那种最强大的本能力量一样，令我们战栗惊诧。谁只要从柏拉图著作中稍稍领略过苏格拉底生活态度的神性的单纯和自信，他就能感觉到，逻辑苏格拉底主义的巨大齿轮如何仿佛在苏格拉底背后运行着，而这个齿轮又如何必能透过苏格拉底如同透过一个影子观察到。苏格拉底本人也预感到了这种关系，表现在无论何处，甚至在他的审判官们面前，他都大义凛然，有效地执行他的神圣使命。不可能在这方面驳斥他，正如不可能在他取消直觉的影响方面赞许他一样。由于这种不可解决的冲突,当他一旦被传到希腊城邦的法庭前时,就只能有一种判刑方式即放逐了。他是一个彻头彻尾的谜,一种莫名其妙、不可解释的东西,人们只好把他逐出国界,任何后人都无权指责雅典人做了一件可耻的事。然而,结果是宣判他死刑,而不只是放逐,苏格拉底光明磊落,毫无对死亡的本能恐惧,表现得好像是他自愿赴死。他从容就义,带着柏拉图描写过的那种宁静,他正是带着同一种宁静,作为一群宴饮者中最后一名,率先离开宴席,迎着曙光,开始新的一天。与此同时,在他走后,昏昏欲睡的醉客们留了下来,躺在板凳和地板上,梦着苏格拉底这个真正的色情狂。**赴死的苏格拉底**成了高贵的希腊青年前所未见的新理想,典型的希腊青年柏拉图首先就心醉神迷、五体投地地拜倒在这个形象面前了。

十四、苏格拉底辩证法的乐观主义本质

> 柏拉图的矛盾性。他一方面因苏格拉底的要求拒绝艺术,另一方面用他的对话给后代留下了一种新艺术形式即小说的原型。苏格拉底辩证法本质中的乐观主义因素迫使悲剧自我毁灭。

现在我们设想一下,苏格拉底的博大眼光转向悲剧,这眼光从未闪耀过艺术家灵感的迷狂色彩——我们设想一下,这眼光如何不能欣喜地观照酒神深渊——它在柏拉图所说的"崇高而备受颂扬的"悲剧艺术中实际上必定瞥见了什么?看来是一种有因无果和有果无因的非理性的东西;而且,整体又是如此五光十色,错综复杂,必与一种冷静的气质格格不入,对于多愁善感的心灵倒是危险的火种。我们知道,苏格拉底唯一能理解的诗歌品种是**伊索寓言**,而且必定带着一种微笑的将就态度来理解,在《蜜蜂和母鸡》这则寓言中,老好人格勒特(Gellert)也是带着这种态度为诗唱赞歌的:

从我身上你看到,它有何用,

> 对于不具备多大智力的人,
> 用一个形象来说明真理。

　　但是,在苏格拉底看来,悲剧艺术从来没有"说明真理",且不说诉诸"不具备多大智力的人",甚至不能诉诸哲学家:这是拒斥悲剧的双重理由。和柏拉图一样,他认为悲剧属于谄媚艺术之列,它只描写娱乐之事,不描写有用之事,因此他要求他的信徒们戒除和严格禁绝这种非哲学的诱惑。结果,青年悲剧诗人柏拉图为了能够做苏格拉底的学生,首先焚毁了自己的诗稿。但是,一旦不可遏制的天赋起来反对苏格拉底的诫条,其力量连同伟大性格的压力总是如此强大,足以把诗歌推举到新的前所未知的地位上。

　　刚才谈到的柏拉图就是这方面的一个例子。他在谴责悲剧和一般艺术方面实在不亚于他的老师的单纯冷嘲,但是,出于满腔的艺术冲动,他不得不创造出一种艺术形式,与他所拒绝的既往艺术形式有着内在的亲缘关系。柏拉图对古老艺术的主要指责——说它是对假象的模仿,因而属于一个比经验世界更低级的领域——尤其不可被人用以反对这种新艺术作品,所以我们看到,柏拉图努力超越现实,而去描述作为那种伪现实之基础的理念。然而,思想家柏拉图借此迂回曲折地走到一个地方,恰好是他作为诗人始终视为家园的那个地方,也是索福克勒斯以及全部古老艺术庄严抗议他的责难时立足的那个地方。如果说悲剧吸收了一切早期艺术种类于自身,那么,这一点在特殊意义上也适用于柏拉图的对话,它通过混合一切既有风格和形式而产生，游移在叙事、抒情与戏剧之间，散文与诗歌之间，从而也打破了统一语言形式的严格的古老法则。**犬儒派**作家在这条路上走得更远，他们以色彩缤纷的风格，摇摆于散文和韵文形式之间，也达到了"狂人苏格拉底"的文学形象，并且在生活中竭力扮演这个角色。柏拉图的对话犹如一叶扁舟，拯救遇难的古老诗歌和她所有的孩子；他们挤在这弹丸之地，战战兢兢地服从舵手苏格拉底，现在他们驶入一个新的世界，沿途的梦中景象令人百看不厌。柏拉图确实给世世代代留下了一种新艺术形式的原型，**小说**的原型；它可以看作无限提高了的伊索寓言，在其中诗对于辩证哲学所处的地位，正与后来许多世纪里辩证哲学对于神学所处的地位相似，即处在 ancilla（婢女）的地位。这就是柏拉图迫于恶魔般的苏格拉底的压力，强加给诗歌的新境遇。

这里，**哲学思想**生长得高过艺术，迫使艺术紧紧攀援辩证法的主干。**日神**倾向在逻辑公式主义中化为木偶，一如我们在欧里庇得斯那里看到相似情形，还看到**酒神**倾向移置为自然主义的激情。苏格拉底，柏拉图戏剧中的这位辩证法主角，令我们想起欧里庇得斯的主角的相同天性，他必须用理由和反驳为其行为辩护，常常因此而有丧失我们的悲剧同情的危险。因为谁能无视辩证法本质中的**乐观主义**因素呢？它在每个合题中必欢庆自己的胜利，只能在清晰和自觉中呼吸自如。这种乐观主义因素一度侵入悲剧，逐渐蔓延覆盖其酒神世界，必然迫使悲剧自我毁灭——终于纵身跳入市民剧而丧命。我们只要清楚地设想一下苏格拉底命题的结论:"知识即美德;罪恶仅仅源于无知;有德者即幸福者"——悲剧的灭亡已经包含在这三个乐观主义基本公式之中了。因为现在道德主角必须是辩证法家,现在在德行与知识、信念与道德之间必须有一种必然和显然的联结,现在埃斯库罗斯的超验的公正解决已经沦为"诗的公正"这浅薄而狂妄的原则,连同它惯用的 deus ex machina(机械降神)。

如今,面对这新的苏格拉底乐观主义的舞台世界,**歌队**以及一般来说悲剧的整个酒神音乐深层基础的情形怎样呢?作为某种偶然的东西,作为对悲剧起源的一种十分暗淡的记忆,我们毕竟已经看到,歌队只能被理解为悲剧以及一般悲剧因素的**始因**。早在索福克勒斯,即已表现出处理歌队时的困惑——这是悲剧的酒神基础在他那里已经开始瓦解的一个重要迹象。他不再有勇气把效果的主要部分委托给歌队,反而限制它的范围,以致它现在看来与演员处于同等地位,似乎被从乐池提升到了舞台上,这样一来,它的特性当然就被破坏无遗了,连亚里士多德也可以同意这样来处理歌队。歌队位置的这种转移,索福克勒斯终归以他的实践、据说还以一篇论文来加以提倡的,乃是歌队走向**毁灭**的第一步,到了欧里庇得斯、阿伽同[1]和新喜剧,毁灭的各个阶段惊人迅速地相继而来。乐观主义辩证法扬起它的三段论鞭子,把音乐逐出了

---

1 阿伽同(Agathon,约公元前445—约前400),古希腊悲剧家,名声仅次于三大悲剧家。

悲剧。也就是说，它破坏了悲剧的本质，而悲剧的本质只能被解释为酒神状态的显露和形象化，音乐的象征表现，酒神陶醉的梦境。

这样，我们认为甚至在苏格拉底之前已经有一种反酒神倾向发生着作用，不过在他身上这倾向获得了特别严重的表现。因此，我们不能不正视一个问题：像苏格拉底这样一种现象究竟意味着什么？鉴于柏拉图的对话，我们并不把这种现象理解为一种仅仅是破坏性的消极力量。苏格拉底倾向的直接效果无疑是酒神悲剧的瓦解，但苏格拉底深刻的生活经历又迫使我们追问，在苏格拉底主义与艺术之间是否**必定**只有对立的关系，一位"艺术家苏格拉底"的诞生是否根本就自相矛盾。

这位专横的逻辑学家面对艺术有时也感觉到一种欠缺，一种空虚，一种不完全的非难，一种也许耽误了的责任。他在狱中告诉他的朋友，说他常常梦见同一个人，向他说同一句话："苏格拉底，从事音乐吧！"他直到临终时刻一直如此安慰自己：他的哲学思索乃是最高级的音乐艺术。他无法相信，一位神灵会提醒他从事那种"普通的大众音乐"。但他在狱中终于同意，为了完全问心无愧，也要从事他所鄙视的音乐。出于这种想法，他创作了一首阿波罗颂歌，还把一些伊索寓言写成诗体。这是一种类似鬼神督促的声音，迫使他去练习音乐；他有一种日神认识，即：他像一位野蛮君王那样不理解高贵的神灵形象，而由于他不理解，他就有冒犯一位神灵的危险。苏格拉底梦中神灵的嘱咐是怀疑逻辑本性之界限的唯一迹象，他必自问：也许我所不理解的未必是不可理解的？也许还有一个逻辑学家禁止入内的智慧王国？也许艺术竟是知识必要的相关物和补充？

十五、苏格拉底是理论乐观主义者的原型

> 理论家与艺术家的区别。理论乐观主义相信万物的本性皆可穷究，思想循着因果律的线索可以直达存在的深渊，甚至能够修正存在。苏格拉底的影响笼罩着后世直至今天，人们崇拜逻辑和知识。但是，科学不断走向自己的极限，必定突变为艺术。

考虑到最后这些充满预感的问题，现在必须阐明，苏格拉底的影响如何像暮色中愈来愈浓郁的阴影，笼罩着后世，直至今日乃至未来；它如何不断迫使**艺术**、而且是至深至广形而上意义上的艺术进行创新，在这绵绵无尽的影响中也保证艺术创新的绵绵无尽。

为了能够理解这一点，为了令人信服地证明一切艺术对于希腊人、对于从荷马到苏格拉底的希腊人的内在依赖关系，我们必须切身感受希腊人，如同雅典人切身感受苏格拉底一样。几乎每个时代和文化阶段都曾经一度恼怒地试图摆脱希腊人，因为它们自己的全部作为，看来完全是独创的东西，令人真诚惊叹的成就，相形之下好像突然失去了色彩和生气，

其面貌皱缩成失败的仿作，甚至皱缩成一幅讽刺画。于是，对于那个胆敢把一切时代非本土的东西视为"野蛮"的自负小民族的怨恨一再重新爆发。人们自问，一个民族尽管只有昙花一现的历史光彩，只有狭窄可笑的公共机构，只有十分可疑的风俗传统，甚至以丑行恶习著称，却要在一切民族中享有尊严和特权，在芸芸众生中充当艺术守护神，它究竟是什么东西？可惜人们不能幸运地找到一杯醇酒，借以忘怀此种生灵，而嫉妒、诽谤和怨恨所酝成的全部毒汁，也都不足以毁坏那本然的壮丽。所以，人们面对希腊人愧惧交加；除非一个人尊重真理超过一切，并且有勇气承认这个真理：希腊人像御者一样执掌着我们的文化和一切文化，而破车驽马总是配不上御者的荣耀，他开玩笑似的驾着它们临近深渊，然后自己以阿喀琉斯的跳技一跃跳过深渊。

为了证明苏格拉底也享有这种御者身份的尊严，只要认识到他是一种在他之前闻所未闻的生活方式的典型便足够了，这就是**理论家**的典型，我们现在的任务是弄清这种理论家的意义和目的。像艺术家一样，理论家对于眼前事物也感到无限乐趣，这种乐趣使他像艺术家一样防止了悲观主义的实践伦理学，防止了仅仅在黑暗中闪烁的悲观主义眼光。但是，每当真相被揭露之时，艺术家总是以痴迷的眼光依恋于尚未被揭开的面罩，理论家却欣赏和满足于已被揭开的面罩，他的最大快乐便在靠自己力量不断成功地揭露真相的过程之中。如果科学所面对的只有一位赤裸的女神，别无其他，世上就不会有科学了。因为科学的信徒们会因此觉得，他们如同那些想凿穿地球的人一样。谁都明白，尽毕生最大的努力，他也只能挖开深不可测的地球的一小块，而第二个人的工作无非是当着他的面填上了这一小块土，以致第三个人必须自己选择一个新地点来挖掘，才能显得有所作为。倘若现在有人令人信服地证明，由这直接的途径不可能达到对跖点，那么谁还愿意在旧洞里工作下去呢，除非他这时不肯满足于寻得珍宝或发现自然规律。所以，最诚实的理论家莱辛勇于承认，他重视真理之寻求甚于重视真理本身，一语道破了科学的主要秘密，使科学家们为之震惊甚至愤怒。当然，这种空谷足音倘非一时妄言，也是过分诚实，在它之外却有一种深刻的**妄念**，最早表现在苏格拉底的人格之中，那是一种不可动摇的信念，认为思想循着因果律的线索可以直达存在至深的深渊，还认为思想不仅能够认识存在，而且能够**修正**存在。这一崇高的形而上学妄念成了科学的本能，引导科学不断走向自己的极限，到了这极限，科学必定突变为**艺术——原来艺术就是这一力学过程所要达到的目的**。

现在，我们在这一思想照耀下来看一看苏格拉底，我们就发现，他是第一个不仅能遵循科学本能而生活，更有甚者，而且能循之而死的人。因此，**赴死的苏格拉底**，作为一个借知识和理由而免除死亡恐惧的人，其形象是科学大门上方的一个盾徽，向每个人提醒科学的使命在于，使人生显得可以理解并有充足理由。当然，倘若理由尚不充足，就必须还有**神话**来为之服务，我刚才甚至已经把神话看作科学的必然结果乃至终极目的。

我们只要看清楚，在苏格拉底这位科学秘教传播者之后，哲学派别如何一浪高一浪地相继兴起；求知欲如何不可思议地泛滥于整个有教养阶层，科学被当作一切大智大能的真正使命汹涌高涨，从此不可逆转；由于求知欲的泛滥，一张普遍的思想之网如何笼罩全球，甚至奢望参透整个太阳系的规律。我们只要鲜明地看到这一切，以及现代高得吓人的知识金字塔，那么，我们就不禁要把苏格拉底看作所谓世界历史的转折点和旋涡了。我们且想象一下，倘若这无数力量的总和被耗竭于另一种世界趋势，并非用来为认识服务，而是用来为个人和民族的实践目的即利己目的服务，那么，也许在普遍残杀和连续移民之中，求生的本能削弱到如此地步，以致个人在自杀风俗中剩有最后一点责任感，像斐济岛上的蛮族，把子杀其父、友杀其友视为责任。一种实践的悲观主义（der praktische Pessimismus），它竟出于同情制造了一种民族大屠杀的残酷伦理——顺便说说，世界上无论过去还是现在，凡是尚未出现任何形式的艺术，尤其是艺术尚未作为宗教和科学以医治和预防这种瘟疫的地方，到处都有这种实践的悲观主义。

针对这种实践的悲观主义，苏格拉底是理论乐观主义者（der theoretische Optimist）的原型，他相信万物的本性皆可穷究，认为知识和认识拥有包治百病的力量，而错误本身即是灾祸。深入事物的根本，辨别真知灼见与假象错误，在苏格拉底式的人看来乃是人类最高的甚至唯一的真正使命。因此，从苏格拉底开始，概念、判断和推理的逻辑程序就被尊崇为在其他一切能力之上的最高级的活动和最堪赞叹的天赋。甚至最崇高的道德行为，同情、牺牲、英雄主义的冲动，以及被日神的希腊人称作"睿智"的那种难能可贵的灵魂的宁静，在苏格拉底及其志同道合的现代后继者们看来，都可由知识辩证法推导出来，因而是可以传授的。谁亲身体验到一种苏格拉底式认识的快乐，感觉到这种快乐如何不断扩张以求包容整个现象界，他就必从此觉得，世上没有比实现这种占有、编织牢不可破的知识之网这种欲望更为强烈的求生的刺激了。对于怀此心情的人，柏拉图笔下的苏格拉底俨然是一种全新的"希腊的乐天"和幸福生活方式的导师，这种方式力求体现在行为中，为此特别重视对贵族青年施以思想助产和人格陶冶，其目的是使天才最终诞生。

但是，现在，科学受它的强烈妄想的鼓舞，毫不停留地奔赴它的界限，它的隐藏在逻辑本质中的乐观主义在这界限上触礁崩溃了。因为科学领域的圆周有无数的点，既然无法设想有一天能够彻底测量这个领域，那么，贤智之士未到人生的中途，就必然遇到圆周边缘的点，在那里怅然凝视一片迷茫。当他惊恐地看到，逻辑如何在这界限上绕着自己兜圈子，终于咬住自己的尾巴，这时便有一种新型的认识脱颖而出，**即悲剧的认识**，仅仅为了能够忍受，它也需要艺术的保护和治疗。

我们的眼光因观照希腊人而变得清新有力，让我们用这样的眼光来观照当今世界的最高境界，我们就会发现，苏格拉底所鲜明体现的那种贪得无厌的乐观主义求知欲，已经突变为悲剧的绝望和艺术的渴望。当然，在其低级水平上，这种求知欲必定敌视艺术，尤其厌恶酒神的悲剧艺术，正如苏格拉底主义反对埃斯库罗斯悲剧这个例子所显示的。

现在，让我们心情激动地叩击现代和未来之门。那种"突变"会导致创造力，或者说**从事音乐的苏格拉底**的新生吗？笼罩人生的艺术之网，不论是冠以宗教还是科学的名义，将编织得日益柔韧呢，还是注定要被如今自命为"现代"的那种喧嚣野蛮的匆忙和纷乱撕成碎片呢？——我们忧心忡忡却又不无慰藉地在旁静观片刻，作为沉思者有权做这场伟大斗争和转折的见证。啊！这场斗争如此吸引人，连静观者也不能不投身其中！

十六、从音乐和酒神精神出发理解悲剧

二元冲动的发现使得解开希腊悲剧之谜有了可能。再论日神和酒神的不同本质,它们像一条鸿沟分隔造型艺术与音乐。此前只有叔本华看出音乐与其他一切艺术有着不同的性质和起源。以前美学中单一的美的形式之原则不能解释音乐和悲剧。音乐具有产生形象尤其是产生悲剧神话的能力。唯有从酒神精神出发才能理解悲剧快感。

在上述历史事例中,我们试图说明,悲剧必定随着音乐精神的消失而灭亡,正如它只能从音乐精神中诞生一样。为了使这论断不太危言耸听,也为了指出我们这种认识的起源,我们现在必须自由地考察一下当代类似的现象;我们必须置身于我刚才谈到的在当代世界最高境界中进行的那场斗争,即贪得无厌的乐观主义认识与悲剧的艺术渴望之间的斗争。我在这里不谈其他一切反对倾向,它们在任何时代都反对艺术尤其是反对悲剧,在现代也飞扬跋扈,以致在戏剧艺术中只有笑剧和芭蕾稍许繁荣,开放出也许并非人人能欣赏的香花。我只想谈一谈对于悲剧世界观（die tragische Weltbetrachtung）的**最堂皇的反对**，我是指以其始祖苏格拉底为首的、在其至深本质中是乐观主义的科学。随即我将列举那些力量，在我看来，它们能够保证**悲剧的再生**，甚至保证德国精神的新的灿烂希望！

在我们投入这场斗争之前，让我们用迄今已经获得的认识武装起来。与所有把一个单独原则当作一切艺术品的必然的生命源泉、从中推导出艺术来的人相反，我的眼光始终注视着希腊的两位艺术之神日神和酒神，认识到他们是**两个至深本质和至高目的皆不相同的艺术境界的生动形象的代表**。在我看来，日神是美化个体化原理的守护神，唯有通过它才能真正在外观中获得解脱；相反，在酒神神秘的欢呼下，个体化的魅力烟消云散，通向存在之母、万物核心的道路敞开了。这种巨大的对立，像一条鸿沟分隔作为日神艺术的造型艺术与作为酒神艺术的音乐，在伟大思想家中只有一人对之了如指掌，以致他无需希腊神话的指导，就看出音乐与其他一切艺术有着不同的性质和起源，因为其他一切艺术是现象的摹本，而音乐却是意志本身的直接写照，所以它体现的**不是世界的任何物理性质，而是其形而上性质**，不是任何现象而是自在之物。（叔本华：《作为意志和表象的世界》第一卷。）由于这个全部美学中最重要的见解，才开始有严格意义上的美学。理查德·瓦格纳承认这一见解是永恒真理，他在《贝多芬论》中主张，音乐的评价应当遵循与一切造型艺术完全不同的审美原则，根本不能用美这个范畴来衡量音乐。但是，有一种错误的美学，依据迷途变质的艺术，习惯于那个仅仅适用于形象世界的美的概念，要求音乐产生与造型艺术作品相同的效果，即唤起**对美的形式的快感**。由于认识到那一巨大的对立，我有了一种强烈的冲动，要进一步探索希腊悲剧的本质，从而最深刻地揭示希腊的创造精神。因为我现在才自信掌握了诀窍，可以超出我们的流行美学的套语，亲自领悟到悲剧的原初问题。我借此能够以一种如此与众不同的眼光观察希腊，使我不禁觉得，我们如此自命不凡的古典希腊研究至今大抵只知道欣赏一些浮光掠影的和皮毛的东西。

我们不妨用下述问题来触及这个原初问题：日神和酒神这两种分离的艺术力量一旦同时发生作用，会产生怎样的审美效果？或者更简短地说，音乐对于形象和概念的关系如何？——正是在这一点上，瓦格纳称赞叔本华的阐述具有不可超越的清晰性和透彻性。叔本华在《作为意志和表象的世界》第 1 册第 309 页[1]对这个问题谈得最详细，我在这里全文转引如下：

> "根据这一切，我们可以把现象界或自然界与音乐看作同一东西的两种不同表现，因此这同一东西是两者类似的唯一中介，必须认识它，以便了解两者的类似。所以，如果把音乐看作世界的表现，

---

[1] 《作为意志和表象的世界》第 3 卷第 52 节。参看中译本，石冲白译，杨一之校，商务印书馆，1982 年 11 月第 1 版，第 363—365 页。

那么它是一种最高水平的普遍语言，甚至于它与概念普遍性的关系，大致相当于概念普遍性与个别事物的关系。但是，它的普遍性绝非抽象概念的那种空洞的普遍性，而全然是另一种普遍性，带有人所共知的和一目了然的明确性。在这一点上，它和几何图形以及数字相像，后两者是一切可能的经验对象的普遍形式，apriori（先验地）适用于一切对象，可是具有并非抽象的，而是直观的和人所共知的确定性。意志的一切可能的追求、激动和表示，人的全部内心历程，理性把它们划入情感这个宽泛的反面概念之中，它们可以用无数可能的旋律表现出来，但这种表现总是具有无质料的纯粹形式的普遍性，总是按照自在之物而不是按照现象，俨然是现象的无形体的内在灵魂。音乐与万物真谛的这种紧密关系也可以使下列现象得到说明：对任何一种场景、情节、事件、环境配以适当的音乐，这音乐就好像在向我们倾诉它们隐秘的含义，在这方面做出最正确最清楚的解说；同样，完全沉醉于一部交响曲的印象的人，他仿佛看到人生和世界种种可能的事件在眼前越过，然而他仔细一想，却又指不出乐曲与他眼前浮现的事物之间有何相似之处。因为前面说过，音乐不同于其他一切艺术，它不是现象的摹本，或者更确切地说，不是意志的相应客体化，而是意志本身的直接写照，所以它体现的不是世界的任何物理性质而是其形而上性质，不是任何现象而是自在之物。因此，可以把世界称作具体化的音乐，正如把它称作具体化的意志一样。由此也就说明了，为什么音乐能够使现实生活和现实世界的每一画面甚至每一场景立刻意味深长地显现出来。当然，音乐的旋律与有关现象的内在精神愈相似，就愈是如此。以此为基础，人们可以配上音乐使诗成为歌，使直观的表演成为剧，或者使两者成为歌剧。人生的这种个别画面，配上音乐的普遍语言，它们与这种语言的结合或符合不是绝对的；相反，两者的关系不过是信手拈来的一个例子同一个普遍概念的关系。它们在现实的确定性中所描述的，正是音乐在纯粹形式的普遍性中所表达的那同一个东西。因为旋律在某种程度上有如普遍概念，乃是现实的抽象。现实，即个别事物的世界，既向概念的普遍性，也向旋律的普遍性提供了直观的东西，特殊和个别的东西，单个的实例。不过，这两种普遍性在某种意义上是彼此对立的：概念只包含原来从直观中抽象出来的形式，犹如从事物剥下的外壳，因而确实是一种抽象；相反，音乐却提供了先于一切形象的至深内核，或者说，事物的心灵。这一关系用经院哲学家的术语来表达恰到好处，即所谓：概念是 universalia post rem（后于事物的普遍性），音乐提供 universalia ante rem（先于事物的普遍性),而现实则是 universalia in re(事物之中的普遍性)。然而,一般来说,乐曲与直观表演之间之所以可能发生联系,如上所述,是因为两者只是世界同一内在本质的完全不同的表现。如果在具体场合实际存在着这样的联系,即作曲家懂得用音乐的普遍语言来表达那构成事件之核心的意志冲动,那么,歌的旋律、歌剧的音乐就会富于表现力。不过,作曲家所发现的两者之间的相似必须出自对世界本质的直接认识,他的理性并不意识到,而不可凭借概念自觉地故意地作间接模仿。否则,音乐就不是表现内在本质即意志,而只是不合格地模仿意志的现象,如同一切专事模仿的音乐之所为。"

这样,根据叔本华的学说,我们把音乐直接理解为意志的语言,感到我们的想象力被激发起来,去塑造那向我们倾诉着的、看不见的,却又生动激荡的精神世界,用一个相似的实例把它体现出来。另一方面,在一种真正相符的音乐的作用下,形象和概念有了更深长的意味。所以,酒神艺术往往对日神的艺术能力施加双重影响:音乐首先引起对酒神普遍性的**譬喻性直观**,然后又使譬喻性形象显示出**最深长的意味**。从这些自明的,但未经深究便不可达到的事实中,我推测音乐具有产生**神话**即最意味深长的例证的能力,尤其是产生**悲剧神话**的能力。神话在譬喻中谈论酒神认识。关于抒情诗人的现象,我已经叙述过:音乐在抒情诗人身上如何力求用日神形象来表现它的本质。现在我们设想一下,音乐在其登峰造极之时必定竭力达到最高度的形象化，那么，我们必须认为，它很可能为它固有的酒神智慧找到象征表现。可是，除了悲剧，一般来说，除了**悲剧性**（das Tragische）这个概念，我们还能到别的什么地方去找这种表现呢？

从通常依据外观和美的单一范畴来理解的艺术之本质，是不能真正推导出悲剧性的。只有从音乐精神出发，我们才能理解对于个体毁灭所生的快感。因为通过个体毁灭的单个事例，我们只是领悟了酒神艺术的永恒现象，这种艺术表现了那似乎隐藏在个体化原理背后的全能的意志，那在一切现象之彼岸的历万劫而长存的永恒生命。对于悲剧性所生的形而上快感，乃是本能的无意识的酒神智慧向形象世界的一种移置。悲剧主角，这意志的最高现象，为了我们的快感而遭否定，因为他毕竟只是**现象**，他的毁灭丝毫无损于意志的永恒生命。悲剧如此疾呼："我们信仰永恒生命。"音乐便是这永恒生命的直接理念。造型艺术有完全不同的目的：在这里，日神通过颂扬**现象的永恒**来克服个体的苦难，在这里，美战胜了生命固有的苦恼，在某种意义上痛苦已从自然的面容上消失。在酒神艺术及其悲剧象征中，同一个自然却以真诚坦率的声音向我们喊道："像我一样吧！在万象变幻中，做永远创造、永远生气勃勃、永远热爱现象之变化的始母！"

十七、科学精神与悲剧精神的对立

酒神艺术给予我们的形而上慰藉。在理论世界观与悲剧世界观之间存在着永恒的斗争。科学精神的直接后果是神话的毁灭。科学精神即非酒神精神在阿提卡新喜剧和新颂歌中有最突出的表现。

酒神艺术也要使我们相信生存的永恒乐趣，不过我们不应在现象之中，而应在现象背后，寻找这种乐趣。我们应当认识到，存在的一切必须准备着异常痛苦的衰亡，我们被迫正视个体生存的恐怖——但是终究用不着吓瘫，一种形而上的慰藉使我们暂时逃脱世态变迁的纷扰。我们在短促的瞬间真的成为原始生灵本身，感觉到它的不可遏止的生存欲望和生存快乐。现在我们觉得，既然无数竞相生存的生命形态如此过剩，世界意志如此过分多产，斗争、痛苦、现象的毁灭就是不可避免的。正当我们仿佛与原始的生存狂喜合为**一体**，正当我们在酒神陶醉中期待这种喜悦长驻不衰，在同一瞬间，我们会被痛苦的利刺刺中。纵使有恐惧和怜悯之情，我们仍是幸运的生者，不是作为个体，而是众生一体，我们与它的生殖欢乐紧密相连。

现在，希腊悲剧的发生史异常明确地告诉我们，希腊的悲剧艺术作品确实是从音乐精神中诞生出来的。我们相信，由于这一思想，歌队如此可惊的原本意义第一次显得合理了。但是，我们同时必须承认，希腊诗人们，更不必说希腊哲学家们，从未明确透彻地把握前面提到的悲剧神话的意义。希腊诗人们的主角，他们的言谈似乎比他们的行为更加肤浅，神话在他们所说的话中根本得不到相应的体现。剧情的结构和直观的形象，比起诗人自己用台词和概念所能把握的，显示了更深刻的智慧。在莎士比亚那里可以看到同样的情形，例如，在相似的意义上，他的哈姆雷特说话比行动肤浅，所以不能从台词，只能通过深入直观和通观全剧，才能领悟我在前面提到过的那种哈姆雷特教训。至于希腊悲剧，我们现在当然只能读到剧本，我甚至指出，神话与台词之间的不一致很容易迷惑我们，使我们以为它比它本来的样子浅薄无聊，因而又假定它的效果比古人所陈述的肤浅。因为我们很容易忘记，达到神话的最高精神化和理想化境界，诗人用言辞难以企及，他作为创造的音乐家却随时可以做到！我们当然要通过深入的学术研究来重建音乐效果的优势，以求稍许感受到真正的悲剧所固有的那种无与伦比的慰藉。但是，除非我们本是希腊人，我们才能照本来的样子感受这种音乐优势。相反，即使是全盛时期的希腊音乐，比之我们喜闻乐见的丰富得多的现代音乐，我们听起来也只是像年轻的音乐天才怀着羞怯的信心试唱的歌曲。正如埃及祭司们所说的，希腊人永远是孩子。他们在悲剧艺术方面也是孩子,不知道他们亲手制造和毁坏了一种多么高贵的玩具。

音乐精神追求形象和神话的体现,从最早的抒情诗直到阿提卡悲剧,这种追求不断增强,刚刚达到高潮,便突然中断,似乎从希腊艺术的表层消失了。然而,从这种追求中产生的酒神世界观在秘仪中保存了下来,尽管形质俱变,却依然吸引着严肃的天性。它会不会总有一天重又作为艺术从它神秘的深渊中升起来呢?

这里我们要弄清一个问题:悲剧因之夭折的那种反对力量,是否在任何时代都强大得足以阻止悲剧和悲剧世界观在艺术上的复苏?如果说古老悲剧被辩证的知识冲动和科学乐观主义冲动挤出了它的轨道,那么,从这一事实可以推知,在**理论世界观**与**悲剧世界观**之间存在着永恒的斗争。只有当科学精神被引导到了它的界限,它所自命的普遍有效性被这界限证明业已破产,然后才能指望悲剧的再生。我们按照早先约定的意义,用**从事音乐的苏格拉底**来象征这种悲剧的文化形式。与此相反,我把科学精神理解为最早显现于苏格拉底人格之中的那种对于自然界之可以追根究底和知识之普遍造福能力的信念。

只要想一想这匆匆向前趱程的科学精神的直接后果,我们就立刻宛如亲眼看到,**神话**如何被它毁灭,由于神话的毁灭,诗如何被逐出理想故土,从此无家可归。只要我们认为音乐理应具备从自身再生出神话的能力,那么,我们就会发现科学精神走在反对音乐这种创造神话的能力的道路上。这一点见之于**阿提卡新颂歌**的发展之中,它的音乐不再表现内在本质和意志,而只是以概念为中介进行模仿,不合格地再现现象。真正的音乐天性厌弃这种已经变质的音乐,就像厌弃苏格拉底毁灭艺术的倾向一样。阿里斯托芬的可靠直觉的确有道理,他对苏格拉底本人、欧里庇得斯的悲剧和新颂歌诗人怀有同样的厌恶之情,在所有这三种现象中发现了**一种**衰退文化的标记。这种新颂歌以亵渎的方式把音乐变为现象的摹拟肖像,例如摹拟一场战役,一次海洋风暴,因此当然完全剥夺了音乐创造神话的能力。如果音乐只是迫使我们去寻找人生和自然的一个事件与音乐的某种节奏形态或特定音响之间的表面相似之处,试图借此来唤起我们的快感,如果我们的理智必须满足于认识这种相似之处,那么,我们就陷入了无法感受神话的心境。因为神话想要作为一个个别例证,使那指向无限的普遍性和真理可以被直观地感受到。真正的酒神音乐犹如世界意志的这样一面普遍镜子置于我们之前,每个直观事件折射在镜中,我们感到它立即扩展成了永恒真理的映象。相反,这种直观事件进入新颂歌的音响画面之中,就会立刻失去任何神话品格,于是音乐变成了现象的粗劣摹本,因而远比现象本身贫乏。由于这种贫乏,它还在我们的感觉中贬低了现象本身,以致现在,譬如说,如此用音乐摹拟的战役就仅止于行进的嘈杂声、军号声之类,而我们的想象力就被束缚在这些浅薄东西上了。所以,音响图画在任何方面都同真正音乐的创造神话的能力相对立,它使现象比现象的本来面目更贫乏;而酒神音乐却丰富了个别现象,使之扩展为世界映象。非酒神精神取得了重大胜利，它通过新颂歌的发展而使音乐与自身疏远，把音乐降为现象的奴隶。在更高的意义上，应当说欧里庇得斯具有一种彻头彻尾非音乐的素质，正是因为这个原因，他是新颂歌音乐的热烈追随者，以一个强盗的慷慨使用着这种音乐的全部戏剧效果和手法。

如果我们注意到，自索福克勒斯以来，悲剧中的性格描写和心理刻画在不断增加，我们就从另一个方面看到这种反对神话的非酒神精神的实际力量了。性格不再应该扩展为永恒的典型，相反应该通过人为的细节描写和色调渲染，通过一切线条纤毫毕露，个别地起作用，使观众一般不再感受到神话，而是感受到高度的逼真和艺术家的模仿能力。在这里，我们同样也发现现象对于普遍性的胜利，发现对于几乎是个别解剖标本的喜好，我们业已呼吸到一个理论世界的气息，在那个世界里，科学认识高于对世界法则的艺术反映。刻画性格的运动进展神速：索福克勒斯还是在描绘完整的性格，并运用神话使之巧妙地展现；欧里庇得斯已经仅仅描绘激情袭来时表现出的重大性格特征；而在阿提卡新喜剧里，就只有**一种**表情的面具，不厌其烦地重复出现轻率的老人，受骗的拉皮条者，狡狯的家奴。音乐创造神话的精神如今安在？如今残存的音乐不是兴奋的音乐，便是回忆的音乐，也就是说，不是刺激疲惫麻木的神经的兴奋剂，便是音响图画。至于前者，几乎同所配的歌词毫不相干。在欧里庇得斯那里，当他的主角或歌队一开始唱歌，事情就已经进行得相当轻佻，他的肆无忌惮的后继者们更会弄到一个什么地步呢？

然而，把新的非酒神精神表现得淋漓尽致的是新戏剧的**结局**。在旧悲剧中，对于结局总可以感觉到那种形而上的慰藉，舍此便根本无从解释悲剧快感。在《俄狄浦斯在科罗诺斯》一剧中，也许最纯净地回响着来自彼岸的和解之音。现在，音乐的创造精神既已从悲剧中消失，严格地说，悲剧已经死去，因为人们现在还能从何处吸取那种形而上的慰藉呢？于是，人们就寻求悲剧冲突的世俗解决，主角在受尽命运的折磨之后，终于大团圆或宠荣加身，得到了好报。悲剧英雄变成了格斗士，在他受尽摧残遍体鳞伤之后，偶尔也恩赐他自由。Deus ex machina（机械降神）取代了形而上的慰藉。我不想说，酒神世界观被一拥而入的非酒神精神彻底粉碎了。我们只知道，它必定逃出了艺术领域，仿佛潜入黑社会，蜕化为秘仪崇拜。但是，在希腊民族广大地区表面，非酒神精神的瘴气弥漫，并以"希腊的乐天"的形式出现，前面已经谈到过，这种乐天是一种衰老得不再生产的生存欲望。它同古希腊人的美好的"素朴"相对立，按照既有的特征，后者应当被理解为从黑暗深渊里长出的日神文化的花朵，希腊意志借美的反映而取得的对于痛苦和痛苦的智慧的胜利。另一种"希腊的乐天"即亚历山大[1]式乐天的最高形式，是**理论家**

---

1 亚历山大（Alexandria），埃及开国至公元462年间的都城，公元前332年由亚历山大大帝在古城拉库提斯的基础上扩建而成，一度成为希腊文化的中心之一。此时的希腊文化以崇尚博学为特征，其标志是著名的亚历山大博物馆和图书馆，收藏并大规模编纂希腊文典籍，毁于公元3世纪的战乱。

的乐天，它显示了我刚才从非酒神精神推断出的那些特征：它反对酒神智慧和艺术；它竭力取消神话；它用一种世俗的调和，甚至用一种特别的机械降神，即机关和熔炉之神，也即被认识和应用来为高度利己主义服务的自然精神力量，来取代形而上的慰藉；它相信知识能改造世界，科学能指导人生，事实上真的把个人引诱到可以解决的任务这个最狭窄的范围内，在其中他兴高采烈地对人生说："我要你，你值得结识一番。"

十八、科学文化在现代的泛滥及其向悲剧
  文化转变的征兆

科学、艺术、宗教这三种文化是幻象的三个等级,意志凭借它们把人拘留在生存中。科学文化在现代的统治及其走向反面的征兆。康德和叔本华的意义:运用科学自身的工具来说明认识的界限。现代艺术的贫困。

这是一种永恒的现象:贪婪的意志总是能找到一种手段,凭借笼罩万物的幻象,把它的造物拘留在人生中,迫使他们生存下去。一种人被苏格拉底式的求知欲束缚住,妄想知识可以治愈生存的永恒创伤;另一种人被眼前飘展的诱人的艺术美之幻幕包围住;第三种人求助于形而上的慰藉,相信永恒生命在现象的旋涡下川流不息,他们借此对意志随时准备好的更普遍甚至更有力的幻象保持沉默。一般来说,幻象的这三个等级只属于天赋较高的人,他们怀着深深的厌恶感觉到生存的重负,于是挑选一种兴奋剂来使自己忘掉这厌恶。我们所谓文化的一切,就是由这些兴奋剂组成的。按照调配的比例,就主要的是**苏格拉底**文化,或**艺术**文化,或悲剧

文化。如果乐意相信历史的例证，也可以说是亚历山大文化，或希腊文化，或印度（婆罗门）文化。

我们整个现代世界被困在亚历山大文化的网中，把具备最高知识能力、为科学效劳的**理论家**视为理想，其原型和始祖便是苏格拉底。我们的一切教育方法究其根源都以这一理想为目的，其余种种生活只能艰难地偶尔露头，仿佛是一些不合本意的生活。可怕的是，长期以来，有教养人士只能以学者的面目出现；甚至我们的诗艺也必须从博学的模仿中衍生出来，而在韵律的主要效果中，我们看到我们的诗体出自人为的试验，运用一种非本土的十足博学的语言。在真正的希腊人看来，本可理解的现代文化人**浮士德**必定显得多么不可理解，他不知餍足地攻克一切学术，为了求知欲而献身魔术和魔鬼。我们只要把他放在苏格拉底旁边加以比较，就可知道，现代人已经开始预感到那种苏格拉底式的求知欲的界限，因而在茫茫知识海洋上渴望登岸。歌德有一次对爱克曼[1]提到拿破仑时说："是的，我的好朋友，还有一种事业的创造力。"他这是在用优雅质朴的方式提醒我们，对现代人来说，非理论家是某种可疑可惊的东西，以致非得有歌德的智慧，才能理解、毋宁说原谅如此陌生的一种生存方式。

现在不要再回避这种苏格拉底文化究竟葫芦里卖的什么药了！想入非非的乐观主义！现在，倘若这种乐观主义的果实

1　爱克曼（P.Eckermann, 1792—1854），歌德的助手，《歌德谈话录》的作者。

已经成熟；倘若这种文化已经使整个社会直至于最低层腐败，社会因沸腾的欲望而惶惶不可终日；倘若对于一切人的尘世幸福的信念，对于普及知识文化的可能性的信念，渐渐转变为急切追求亚历山大尘世幸福，并乞灵于欧里庇得斯的机械降神，我们就不必再大惊小怪了！应当看到，亚历山大文化必须有一个奴隶等级，才能长久存在。可是，它却以它的乐观主义人生观否认这样一个等级的必要性，因而，一旦它所谓"人的尊严""工作的尊严"之类蛊惑人心和镇定人心的漂亮话失去效力，它就会逐渐走向可怕的毁灭。没有比一个野蛮的奴隶等级更可怕的了，这个等级已经觉悟到自己的生活是一种不公正，准备不但为自己，而且为世世代代复仇。面对如此急风狂飙，谁还敢从我们苍白疲惫的宗教寻求心灵的安宁？这宗教在根基上已经变质为学术迷信，以致神话，一切宗教的这个必要前提，到处都已经瘫痪，乐观主义精神甚至在神话领域也取得了统治，我们刚才已经指出这种精神是毁坏我们社会的病菌。

潜伏在理论文化怀抱中的灾祸已经逐渐开始使现代人感到焦虑，他们不安地从经验宝库中翻寻避祸的方法，然而并无信心。因此，他们开始预感到了自己的结局。当此之时，一些天性广瀚伟大的人物竭精殚虑地试图运用科学自身的工具，来说明认识的界限和有条件性，从而坚决否认科学普遍有效和充当普遍目的的要求。由于这种证明，那种自命凭借因果律便能穷究事物至深本质的想法才第一次被看作一种妄想。**康德**[1]**和叔本华**的非凡勇气和智慧取得了最艰难的胜利，战胜了隐藏在逻辑本质中、作为现代文化之根基的乐观主义。当这种乐观主义依靠在它看来毋庸置疑的 aeternae veritates（永恒真理），相信一切宇宙之谜均可认识和穷究，并且把空间、时间和因果关系视作普遍有效的绝对规律的时候，康德揭示了这些范畴的功用如何仅仅在于把纯粹的现象，即摩耶的作品，提高为唯一和最高的实在，以之取代事物至深的真正本质，而对于这种本质的真正认识是不可能借此达到的；也就是说，按照叔本华的表述，只是使梦者更加沉睡罢了（《作为意志和表象的世界》第一册）。一种文化随着这种认识应运而生，我斗胆称之为悲剧文化。这种文化最重要的标志是，智慧取代科学成为最高目的，它不受科学的引诱干扰，以坚定的目光凝视世界的完整图景，以亲切的爱意努力把世界的永恒痛苦当作自己的痛苦来把握。我们想象一下，这成长着的一代，具有如此大无畏的目光，怀抱如此雄心壮志；我们想象一下，这些屠龙之士，迈着坚定的步伐，洋溢着豪迈的冒险精神，鄙弃那种乐观主义的全部虚弱教条，但求在整体和完满中"勇敢地生活"，——那么，这种文化的悲剧人物，当他进行自我教育以变得严肃和畏惧之时，岂非必定渴望一种新的艺术，形而上慰藉的艺术，渴望悲剧，如同渴望

---

[1] 康德（Immanuel Kant，1724—1804），德国哲学家，西方近代最伟大的哲学家和启蒙思想家，主要著作为《纯粹理性批判》《实践理性批判》《判断力批判》。

属于他的海伦一样吗?他岂非必定要和浮士德一同喊道:

> 我岂不要凭眷恋的痴情,
> 带给人生那唯一的艳影?

然而,一旦苏格拉底文化受到来自两个方面的震撼,只能以颤抖的双手去扶住它的绝对真理的笏杖,开始害怕它逐渐预感到了的自己的结论,随后自己也不再以从前那种天真的信心相信它的根据的永远有效了。这时呈现一幕多么悲惨的场面:它的思想不断跳着舞,痴恋地扑向新的艳影,想去拥抱她们,然后又惊恐万状地突然甩开她们,就像靡菲斯托菲里斯[1]突然甩开那些诱惑的蛇妖一样。人们往往把"断裂"说成是现代文化的原始苦恼,这确实是"断裂"的征兆:理论家面对自己的结论惊慌失措,不敢再信赖生存的可怕冰河,他惴惴不安地在岸上颠踬徜徉。他心灰意冷,百事无心,全然不想涉足事物天然的残酷。事到如今,乐观主义观点已经使他变得弱不禁风了。而且他感到,一种以科学原则为基础的文化,一旦它开始变成**非逻辑的**,也就是说,一旦它开始逃避自己的结论,必将如何走向毁灭。现代艺术暴露了这种普遍的贫困:人们徒劳地模仿一切伟大创造的时代和天才,徒劳地搜集全部"世界文学"放在现代人周围以安慰他,把他

---

[1] 靡菲斯托菲里斯(Mephistopheles),浮士德传说中的魔鬼精灵,歌德也把他写进了戏剧《浮士德》中。

置于历代艺术风格和艺术家中间，使他得以像亚当给动物命名一样给它们命名；可是，他仍然是一个永远的饥饿者，一个心力交瘁的"批评家"，一个亚历山大图书馆式人物，一个骨子里的图书管理员和校对员，可怜被书上尘埃和印刷错误弄得失明。

十九、德国精神是酒神精神复兴的希望

对歌剧文化的批判。歌剧是理论家、外行批评家的产儿,而不是艺术家的产儿。在歌剧中,音乐成为歌词的奴婢,现象的奴隶。从巴赫到贝多芬、从贝多芬到瓦格纳的德国音乐,康德和叔本华所代表的德国哲学,表明一种力量已经从德国精神的酒神根基中兴起。

要一针见血地说明这种苏格拉底文化的本质,莫若称之为**歌剧文化**。因为在这一领域里,这种文化格外天真地说明了它的意愿和见解。如果我们把歌剧产生及其发展的事实同日神与酒神的永恒真理加以对比,我们将为之惊讶。我首先想起 stilo rappresentativo(抒情调)和吟诵调的产生。这样一种极其肤浅而不知虔敬的歌剧音乐,竟然会被一个时代如醉如狂地接受和爱护,仿佛它是一切真正音乐的复活,而这个时代刚刚还兴起了帕莱斯特里那[1]崇高神圣得不可形容的音乐，这能让人相信吗？另一方面，谁又会把如此迅速蔓延的歌剧癖好，仅仅归咎于那些佛罗伦萨沙龙的寻欢作乐及其剧坛歌手的虚荣心呢？在同一时代，甚至在同一民族，在整个基督教中世纪所信赖的帕莱斯特里那和声的拱形建筑一旁，爆发了对于半音乐的说话的热情，这种现象，我只能用吟诵调本质中所包含的**非艺术倾向**来说明。

歌手与其说在唱歌，不如说在说话，他还用半歌唱来强化词的感情色彩，通过这些办法，他迎合了那些想听清歌词的听众。由于强化了感情色彩，他使词义的理解变得容易，并且克服了尚存的这一半音乐。现在威胁着他的真正危险是，他一旦不合时机地偏重音乐，说话的感情色彩和吐词的清晰性就势必丧失。可是，另一方面，他又时时感到一种冲动，要发泄一下音乐爱好，要露一手亮亮他的歌喉。于是"诗人"来帮助他了，"诗人"懂得向他提供足够的机会，来使用抒情的感叹词，反复吟哦某些词和警句，等等。在这些场合，歌手现在处于纯粹音乐因素之中，不必返顾词义，可以高枕无忧了。慷慨激昂的半唱的说话与作为抒情调之特色的全唱的感叹互相交替，时而诉诸听众的理解和想象，时而诉诸听众的音乐本能，如此迅速变换，劳神费力，是完全不自然的，同样也是与酒神和日神的艺术冲动根本抵触的，所以必须推

---

1 帕莱斯特里那（Palestrina，1525—1594），意大利音乐家，16世纪复调音乐大师。

断吟诵调的起源是在一切艺术本能之外。根据这一论述，可以把吟诵调定义为史诗朗诵与抒情诗朗诵的混合，当然绝不是内在的稳定的混合，因为这对如此迥异的事物来说乃是不可能达到的，而是最外在的镶嵌式的粘合，在自然界和经验领域是找不到类似样本的。**然而这不是吟诵调发明者的意见**，他们以及他们的时代宁肯相信，抒情调解开了古代音乐之谜，俄耳甫斯、安菲翁[1]乃至希腊悲剧的巨大影响只能从中得到解释。新风格被看作最感人的音乐、古希腊音乐的复苏。按照民间流传的看法，荷马世界**是原始世界**，据此人们诚然可以耽于梦想，以为现在重又进入人类发源的乐土，在那里音乐也必定无比地纯粹、有力和贞洁，诗人在他们的牧歌中如此动人地描述了那里的生活。这里，我们看到了歌剧这个真正现代艺术品种的最深刻的成因，一种强烈需要索求一种艺术，但这是非审美类型的需要，即对牧歌生活的向往，对原始人的艺术的、美好的生活方式的信念。咏诵调被看作重见天日的原始人的语言；歌剧被看作重新发现的牧歌式或史诗式美好生灵的故土，这些美好生灵一举一动都遵从其自然的艺术冲动，一言一语都至少要唱点什么，以便感情稍有激动，就能立刻引吭高歌。我们现在对于下述情况是十分淡漠了：当时的人文主义者用这种新造的乐土艺术家形象，来反对教会关于人生来就堕落无用的旧观念。因此，歌剧可以被理解为美好人们的反对派信条，但同时它也提供了一种对付悲观主

---

1 安菲翁（Amphion），希腊神话中演奏竖琴的圣手。

义的抚慰手段，在万象摇摇欲坠之际，当时一班严肃思考的人士正倾心于这种悲观主义。我们只要知道这一点就够了：这种新的艺术形式的真正魅力和根源在于满足一种完全非审美的需要，在于对人本身的乐观主义的礼赞，在于把原始人看作天性美好的艺术型的人。歌剧的这一原则已经逐渐转变为一种咄咄逼人的**要求**，面对当代社会主义运动，我们不能再对它充耳不闻了。"美好的原始人"要求他的权利：好一个乐土的前景！

　　此外，我要提出一个同样明显的证据，以证明我的这个观点：歌剧和现代亚历山大文化是建立在同一原则上面的。歌剧是理论家、外行批评家的产儿，而不是艺术家的产儿。这乃是全部艺术史上最可惊的一件事。绝无音乐素质的听众要求首先必须听懂歌词，所以，据说只有发现了随便哪一种唱法，其中歌词支配着对位，就像主人支配着仆人一样，这时才能期望声响艺术再生。因为据说歌词比伴奏的和声高贵的程度，恰等于灵魂比肉体高贵的程度。歌剧产生时，就是遵照这种不懂音乐的粗野的外行之见，把音乐、形象和语言一锅煮。按照这种美学的精神，在佛罗伦萨上流社会外行圈子里，由那里受庇护的诗人和歌手开始了最早的试验。艺术上的低能儿替自己制造一种艺术，正因为他天生没有艺术气质。由于他不能领悟音乐的酒神深度，他的音乐趣味就转变成了抒情调中理智所支配的渲染激情的绮声曼语，和对唱歌技巧的嗜好。由于他没有能力看见幻象，他就强迫机械师和布景画家为他效劳。由于他不能把握艺术家的真正特性，他就按照自己的趣味幻想出"艺术型的原始人",即那种一激动就唱歌和说着韵文的人。他梦想自己生活在一个激情足以产生歌与诗的时代,仿佛激情真的创造过什么艺术品似的。歌剧的前提是关于艺术过程的一种错误信念,而且是那种牧歌式信念,以为每个感受着的人事实上就是艺术家。就这种信念而言,歌剧是艺术中外行趣味的表现,这种趣味带着理论家那种打哈哈的乐观主义向艺术发号施令。

如果我们想用一个概念把上述对歌剧的产生发生过重要作用的两个观念统一起来,那么,我们只需要谈一谈**歌剧的牧歌倾向**就可以了。在这方面,我们不妨只使用席勒的表述和说明。席勒说:"自然和理想,或者是哀伤的对象,倘若前者被描述为已经失去的,后者被描述为尚未达到的;或者是快乐的对象,倘若它们被当作实在的东西呈现在眼前。第一种情况提供狭义的哀歌,第二种情况提供广义的牧歌。"在这里,可以立刻注意到歌剧产生时那两种观念的共同特征,就是在它们之中,理想并非被感受为未达到的,自然也并非被感受为已失去的。照这种感受,人类有过一个原始时代,当时人接近自然的心灵,并且在这自然状态中同时达到了人类的理想,享受着天伦之乐和艺术生活。据说我们大家都是这些完美的原始人的后裔,甚至我们还是他们忠实的肖像,我们只要从自己身上抛掉一些东西,就可以重新辨认出自己就是这些原始人,一切都取决于自愿放弃过多的学问和过多的文化。文艺复兴时代有教养的人士用歌剧模仿希腊悲剧,借此把自己引回到这样一种自然与理想的协调状态,引回到牧歌的现实。他利用希腊悲剧，就像但丁利用维吉尔[1]给自己引路以到达天堂之门一样，而他从这里又独自继续前进；从模仿希腊最高艺术形式走向"万物的复归"，走向仿造人类原始艺术世界。在理论文化的怀抱中，这种大胆的追求有着何等充满信心的善意！——这种情况只能用下述令人欣慰的信念来解释："人本身"是永远德行高超的歌剧主角，永远吹笛放歌的牧童，他最后必定又重获自己的本性，如果他间或真的一时失去了本性，那也只是从苏格拉底世界观的深渊里像甜蜜诱人的妖雾一样升起的那种乐观主义的结果。

所以，在歌剧的面貌上绝无那种千古之恨的哀歌式悲痛，倒是显出永远重获的欢欣，牧歌生活的悠闲自得，这种生活至少可以在每一瞬间被想象为实在的。也许有时会黯然悟到，这种假想的现实无非是幻想的无谓游戏，若能以真实自然的可怕严肃来衡量，以原始人类的本来面目来比较，谁都必定厌恶地喊道：滚开吧，幻影！尽管如此，倘若以为只要一声大喊，就能像赶走幻影一样，把歌剧这种玩意儿赶走，那就错了。谁想消灭歌剧，谁就必须同亚历山大式的乐天精神作斗争，在歌剧中，这种精神如此天真地谈论它所宠爱的观念，甚至歌剧就是它所固有的艺术形式。可是，这样一种艺术形式，它的根源根本不在审美领域之中，毋宁说它是从半道德

---

[1] 但丁（Dante，1265—1321），意大利最伟大的诗人。维吉尔（Virgil，公元前70—前19），古罗马最伟大的诗人，史诗《埃涅阿斯记》的作者。但丁的《神曲》以《埃涅阿斯记》为楷模，并在书中把维吉尔写成自己游地狱、炼狱、天堂的向导。

领域潜入艺术领域的，于是只会到处隐瞒它的混合血统，我们能够期望它对艺术本身发生什么作用呢？这种寄生的歌剧倘不从真正的艺术汲取营养，又何以为生呢？岂非可以推断，在它的牧歌式的诱惑下，在它的亚历山大式的谄媚下，艺术最高的、可以真正严肃地指出的使命——使眼睛不去注视黑夜的恐怖，用外观的灵药拯救主体于意志冲动的痉挛——就要蜕变为一种空洞涣散的娱乐倾向了吗？在这样一种风格混合中，有什么东西是得自酒神和日神的永恒真理的呢？我在分析抒情调的实质时已经描述过这种风格之混合：在抒情调里，音乐被视为奴婢，歌词被视为主人，音乐被比作肉体，歌词被比作灵魂；最好的情形不过是把音响图画当作最高目的，如同从前新阿提卡颂歌那样；音乐已经背离它作为酒神式世界明镜的真正光荣，只能作为现象的奴隶，模仿现象的形式特征，靠玩弄线条和比例激起浅薄的快感。仔细观察，可知歌剧对于音乐的这种灾难性影响，直接伴随着现代音乐的全部发展过程。潜伏在歌剧起源和歌剧所体现的文化之中的乐观主义，以可怕的速度解除了音乐以及酒神式的世界使命，强加给它形式游戏和娱乐的性质。也许，只有埃斯库罗斯的悲剧英雄之变化为亚历山大式乐天人物，方可与这一转变相比拟。

然而，当我们在上述例证里，公正地把酒神精神的消失同希腊人最触目惊心的、但至今尚未阐明的转变和退化联系起来时，倘若最可靠的征兆向我们担保**相反的过程**，担保在我们当代世界中**酒神精神正逐渐苏醒**，我们心中将升起怎样的希望呵！赫拉克勒斯的神力不可能永远甘愿伺候翁珐梨女王[1]，消耗在安乐窝里。一种力量已经从德国精神的酒神根基中兴起，它与苏格拉底文化的原始前提毫无共同之处，既不能由之说明，也不能由之辩护，反而被这种文化视为洪水猛兽和异端怪物，这就是**德国音乐**，我们主要是指它的从巴赫到贝多芬、从贝多芬到瓦格纳的伟大光辉历程。当今有认识癖好的苏格拉底主义，即使在最顺利的情况下，又能用什么办法来对付这个升自无底深渊的魔鬼呢？无论从歌剧旋律花里胡哨的乐谱里，还是凭赋格曲和对位法的算盘，都找不到一个咒语，念上三遍就可以使这魔鬼就范招供。这是怎样一幕戏啊：今日的美学家们，手持他们专用的"美"之捕网，扑打和捕捉眼前那些以不可思议的活力嬉游着的音乐天才，其实这个运动是既不能以永恒美，也不能以崇高来判断的。当这些音乐保护人喋喋不休地喊着"美呵！美呵！"的时候，我们不妨在近处亲眼看一看，他们是否像在美的怀抱里养育的自然宠儿，抑或他们是否只是在为自己的粗俗寻觅一件骗人的外衣，为自己感情的贫乏寻觅一个审美的借口。在这里我想到奥托·扬可以做例子。但是，面对德国音乐，这个伪善的骗子最好小心一点，因为在我们的全部文化中，音乐正是唯一纯粹的精神净化之火，根据以弗所伟大的赫拉克利特的学说，万物均在往复循环中由火产生，向火复归。我们今日称作文化、教

---

1 翁珐梨（Omphale），希腊神话中吕狄亚的女王，大力士赫拉克勒斯曾被罚卖给她当奴隶。

育、文明的一切，总有一天要被带到公正的法官酒神面前。

我们再来回忆一下，出自同一源头的**德国哲学**精神，靠了康德和叔本华，如何造成一种可能，通过证明科学苏格拉底主义的界限，来摧毁它的洋洋自得的生活乐趣；又如何通过这一证明，引出了一种无限深刻和严肃的伦理观和艺术观，它可以直接命名为**酒神智慧**。德国音乐和德国哲学的统一，这奥妙除了向我们指出一种唯有从希腊先例约略领悟其内容的新生活方式，又指出了什么呢？因为对站在两种不同生活方式的分界线上的我们来说，希腊楷模还保持着无可估量的价值，一切转变和斗争也在其中显现为经典的富有启示的形式。不过，我们好像是按照**相反的**顺序经历着类似于希腊人的各重大主要时代，例如，现在似乎是在从亚历山大时代倒退到悲剧时代。同时，我们还感到，在外来入侵势力迫使德国精神长期在一种绝望的野蛮形式中生存，经受他们的形式的奴役之后，悲剧时代的诞生似乎仅意味着德国精神返回自身，幸运地重新发现自身。现在，在它归乡之后，终于可以在一切民族面前高视阔步，无须罗马文明的牵领，向着它生命的源头走去了。它只须善于坚定地向一个民族即希腊人学习，一般来说，能够向希腊人学习，本身就是一种崇高的荣誉和出众的优越了。今日我们正经历着**悲剧的再生**，危险在于既不知道它来自何处，也不明白它去向何方，我们还有什么时候比今日更需要这些最高明的导师呢？

二十、对于酒神精神复活的信念

歌德、席勒、温克尔曼也未能打开通向希腊魔山的魔门,深入希腊精神的核心。当今形形色色的学术和非学术营垒里的情况更糟。我们必须捍卫对希腊精神复活的信念,唯有酒神的魔力能够改变今日文化萎靡不振的状况。

但愿有一天,一位铁面无私的法官将做出判断:迄今为止,在哪个时代,在哪些人身上,德国精神最努力地向希腊人学习。如果我们有充分的信心认为,这一荣誉理应归于歌德、席勒和温克尔曼[1]的无比高贵的启蒙运动,那么,必须补充指出,从那个时代以来,继启蒙运动的直接影响之后,在同一条路上向文化和希腊人进军的努力却令人不解地日渐衰微了。为了不致根本怀疑德国精神,我们岂不应该从中引出如下结论:在一切关键方面,这些战士同样也未能深入希腊

---

1 温克尔曼(Johann Winckelmann,1717—1768),德国考古学家、艺术史家,对于希腊艺术的普及和新古典主义的兴起有重大影响。

精神的核心，不能在德国文化和希腊文化之间建立持久的情盟？于是，无意中发现这个缺点，也许会使天性真诚的人们感到沮丧，怀疑自己在这样的先驱者之后，在这条文化道路上能否比他们走得更远，最后能否达到目的。所以，我们看到，从那个时代以来，人们在判断希腊人对文化的价值时疑虑重重，混乱不堪。在形形色色学术和非学术营垒里，可以听到一种居高临下的怜悯论调。在别的地方，又说些全无用处的漂亮话，用"希腊的和谐""希腊的美""希腊的乐天"之类聊以塞责。甚至在理应以努力汲取希腊泉源来裨益德国文化为其光荣的那些团体里，在高等教育机关的教师圈子里，至多也只是学会草率和轻松地用希腊人满足自己，往往至于以怀疑论态度放弃希腊理想，或者全然歪曲一切古典研究的真正目的。在那些圈子里，倘若有谁未在精心校勘古籍或繁琐训诂文字的辛劳生涯中耗尽精力，他也许还想在掌握其他古典的同时"历史地"掌握希腊古典，但总是按照今日有教养的编史方法，还带着那么一副居高临下的神气。所以，既然高级学术机关的真正文化力量从来不曾像在当代这样低落薄弱，既然"新闻记者"这种被岁月奴役的纸糊奴隶在一切文化问题上都战胜了高级教师，后者只好接受业已常常经历的那种变形，现在也操起记者的语言风格，带着记者的那种"轻松优雅"，像有教养的蝴蝶一样翩翩飞舞，——那么，当代这班有教养人士，目睹那种只能以迄今未被阐明的希腊精神至深根源作类比理解的现象，目睹酒神精神的复苏和悲剧的再生，必将陷于如何痛苦的纷乱呢？从未有过另一个艺术时代,所谓文化与真正的艺术如此疏远和互相嫌恶对立,如同我们当代所目睹的这样。我们明白这样一种羸弱的文化为何仇恨真正的艺术;因为它害怕后者宣判它的末日。可是,整个苏格拉底亚历山大文化类型,既已流于如此纤巧衰弱的极端,如同当代文化这样,它就不应当再苟延残喘了!如果像歌德和席勒这样的英雄尚且不能打开通向希腊魔山的魔门,如果以他们的勇于探索尚且只能止于眷恋遥望,就像歌德的伊菲革涅亚[1]从荒凉的陶里斯隔洋遥望家乡那样,那么,这些英雄的后辈们又能希望什么呢,除非魔门从迄今为止一切文化努力尚未触及的一个完全不同的方面,突然自动地向他们打开——在悲剧音乐复苏的神秘声响之中。

谁也别想摧毁我们对正在来临的希腊精神复活的信念,因为凭借这信念,我们才有希望用音乐的圣火更新和净化德国精神。否则我们该指望什么东西,在今日文化的凋敝荒芜之中,能够唤起对未来的任何令人欣慰的期待呢?我们徒然寻觅一颗茁壮的根苗,一角肥沃的土地,但到处是尘埃、沙砾、枯枝、朽木。在这里,一位绝望的孤独者倘要替自己选择一个象征,没有比丢勒[2]所描绘的那个与死神和魔鬼做伴的骑士更合适了,他身披铁甲,目光炯炯,不受他的可怕伴侣干扰,尽管毫无希望,依然独自一人,带着骏马彪犬,踏上恐怖的

---

1 伊菲革涅亚(Iphigenia),希腊神话中阿伽门农之女,特洛亚战争前夕,曾被其父献祭,获免后沦落到陶里斯当祭司。
2 丢勒(Albrecht Dürer,1471—1528),文艺复兴时期德国最重要的画家。铜版画《骑士、死神和魔鬼》是他的代表作之一。

征途。我们的叔本华就是这样一个丢勒笔下的骑士,他毫无希望,却依然寻求真理。现在找不到他这样的人了。

然而,我们刚才如此阴郁描绘的现代萎靡不振文化的荒漠,一旦接触酒神的魔力,将如何突然变化!一阵狂飙席卷一切衰亡、腐朽、残破、凋零的东西,把它们卷入一股猩红的尘雾,如苍鹰一般把它们带到云霄。我们的目光茫然寻找已经消失的东西,却看到仿佛从金光灿烂的沉没处升起了什么,这样繁茂青翠,这样生气盎然,这样含情脉脉。悲剧端坐在这洋溢的生命、痛苦和快乐之中,在庄严的欢欣之中,谛听一支遥远的忧郁的歌,它歌唱着万有之母,她们的名字是:幻觉,意志,痛苦。——是的,我的朋友,和我一起信仰酒神生活,信仰悲剧的再生吧。苏格拉底式人物的时代已经过去,请你们戴上常春藤花冠,手持酒神杖,倘若虎豹讨好地躺到你们的膝下,也请你们不要惊讶。现在请大胆做悲剧式人物,因为你们必能得救。你们要伴送酒神游行行列从印度到希腊!准备作艰苦的斗争,但要相信你们的神必将创造奇迹!

二十一、再论悲剧中日神和酒神的兄弟联盟

> 希腊人用悲剧的伟大力量激发、净化、释放全民族生机,避免了印度的禁欲和罗马的极端世俗化。在悲剧中,日神神话一方面从酒神音乐获得形而上的意义,另一方面保护观众不毁于对世界本质的直视。以《特里斯坦和伊索尔德》第三幕为例加以说明。音乐是世界的真正理念,戏剧只是它的个别化的影像。在悲剧的总效果中,酒神因素占据优势。

当我从这种劝谕口吻回到于沉思者相宜的心境时,我要再次强调:只有从希腊人那里才能懂得,悲剧的这种奇迹般的突然苏醒对于一个民族的内在生活基础意味着什么。这个打响波斯战争的民族是一个悲剧秘仪的民族,在经历这场战争之后,又重新需要悲剧作为不可缺少的复元之药。谁能想象,这个民族许多世代受到酒神灵魔最强烈痉挛的刺激,业已深入骨髓,其后还能同样强烈地流露最单纯的政治情感,最自然的家乡本能,原始的男子战斗乐趣?诚然,凡是酒神

冲动如火如荼蔓延之处，总可发现对个体束缚的酒神式摆脱，尤其明显地表现在政治本能日益削弱，直到对政治冷漠乃至敌视。但是，另一方面，建国之神阿波罗又无疑是个体化原理的守护神，没有对于个性的肯定，是不可能有城邦和家乡意识的。引导一个民族摆脱纵欲主义的路只有一条，它通往印度佛教，为了一般能够忍受对于虚无的渴望，它需要那种超越空间、时间和个体的难得的恍惚境界；而这种境界又需要一种哲学，教人通过想象来战胜对俗界的难以形容的厌恶。由于政治冲动的绝对横行，一个民族同样必定陷于极端世俗化的道路，罗马帝国是其规模最大也最可怕的表现。

处在印度和罗马之间，受到两者的诱惑而不得不做出抉择，希腊人居然在一种古典的纯粹中发明了第三种方式，诚然并未成为自己的长久风俗，却也因此而永垂不朽。因为神所钟爱者早死，这一点适用于一切事物，而同样确凿的是，它们因此而与神一起永生。人们毕竟并不要求最珍贵的东西具备皮革的耐久坚韧；坚固的持久性，如罗马民族性格所具备的，恐怕不能算完美的必要属性。但若我们问一下，在希腊人的全盛时代，酒神冲动和政治冲动格外强烈，是什么奇药使得他们既没有在坐禅忘机之中，也没有在疯狂谋求世界霸权和世界声誉之中，把自己消耗殆尽，反而达到如此美妙的混合，犹如调制出一种令人既兴奋又清醒的名酒；那么，我们就必须想到悲剧激发、净化、释放全民族生机的伟大力量了。只有当它在希腊人那里作为全部防治力量的缩影，作为民族最坚强不屈和最凶险不祥两重性格之间的调解女神出现在我们面前时，我们才能揣摩到它的最高价值。

悲剧吸收了音乐最高的恣肆汪洋精神，所以，在希腊人那里一如在我们这里，它直接使音乐臻于完成，但它随后又在其旁安排了悲剧神话和悲剧英雄，悲剧英雄像提坦力士那样背负起整个酒神世界，从而卸除了我们的负担。另一方面，它又通过同一悲剧神话，借助悲剧英雄的形象，使我们从热烈的生存欲望中解脱出来，并且亲手指点，提示一种别样的存在和一种更高的快乐，战斗的英雄已经通过他的灭亡，而不是通过他的胜利，充满预感地为之作好了准备。悲剧在其音乐的普遍效果和酒神式感受的听众之间设置了神话这一种崇高的譬喻，以之唤起一种假象，仿佛音乐只是激活神话造型世界的最高表现手段。悲剧陷入这一高贵的错觉，于是就会手足齐动，跳起酒神颂舞蹈，毫不踌躇地委身于一种欢欣鼓舞的自由感，觉得它就是音乐本身；没有这一错觉，它就不敢如此放浪形骸。神话在音乐面前保护我们，同时唯有它给予音乐最高的自由。作为回礼，音乐也赋予悲剧神话一种令人如此感动和信服的形而上的意义，没有音乐的帮助，语言和形象绝不可能获得这样的意义。尤其是凭借音乐，悲剧观众会一下子真切地预感到一种通过毁灭和否定达到的最高快乐，以至于他觉得自己听到，万物的至深奥秘分明在向他娓娓倾诉。

对于这个难解的观念，我以上所论也许只能提供导言性质的、少数人能马上领悟的表述，那么，请允许我在这里鼓励我的朋友们再作一次尝试，请他们根据我们共同体验的一个个别例子,作好认识普遍原理的准备。在这个例子中,我不想对那些借助剧情的画面、演员的台词和情感来欣赏音乐的人说话。因为对于他们,音乐不是母语,尽管有那些辅助手段,他们至多也只能走到音乐理解力的前厅,不可能进入其堂奥。其中有些人,例如格尔维努斯(Gervinus),还从来不曾由这条路走到前厅哩。我只向这样的人说话,他们与音乐本性相近,在音乐中犹如在母亲怀抱中,仅仅通过无意识的音乐关系而同事物打交道。我向这些真正的音乐家提出一个问题:他们能否想象有一个人,无须台词和画面的帮助,完全像感受一曲伟大的交响乐那样感受《特里斯坦和伊索尔德》的第三幕,不致因心灵之翼痉挛紧张而窒息?一个人在这场合宛如把耳朵紧贴世界意志的心房,感觉到狂烈的生存欲望像轰鸣的急流或像水花飞溅的小溪由此流向世界的一切血管,他不会突然惊厥吗?他以个人的可怜脆弱的躯壳,岂能忍受发自"世界黑夜的广大空间"的无数欢呼和哀号的回响,而不在这形而上学的牧羊舞中不断逃避他的原始家乡呢?可是,倘若毕竟能够完全理解这样一部作品,而不致否定个人的生存,倘若毕竟能够创作这样一部作品,而不致把它的作者摧毁,我们该如何解释这个矛盾呢?

这里,在我们最高的音乐兴奋和音乐之间,插入了悲剧神话和悲剧英雄,它们实质上不过是唯有音乐才能直接表达的那最普遍事实的譬喻。但是,倘若我们作为纯粹酒神式生灵来感受,神话作为譬喻就完全不知不觉地停留在我们身旁,一刻也不会妨碍我们倾听 universalia ante rem(先于事物的普遍性）的回响。但这里终究爆发了日神的力量，用幸福幻景的灵药使几乎崩溃的个人得到复元。我们仿佛突然又看见特里斯坦，他怔怔地黯然自问："这是老一套了，它为何要唤醒我？"从前我们听来像是从存在心中发出的一声深沉叹息的东西，现在却只欲告诉我们，大海是如何寂寞空旷。从前在一切感情急剧冲突的场合，我们屏息以为自己正在死去，与生存唯有一发相连，现在我们却只看见那位受伤垂死的英雄绝望地喊道："渴望！渴望！垂死时我还在渴望，因为渴望而不肯死去！"从前在如此饱受令人憔悴的折磨之后，一声号角的欢呼更如最惨重的折磨令我们心碎，现在在我们与这"欢呼本身"之间却隔着向伊索尔德的归帆欢呼的库汶那尔[1]。尽管我们也深深感到怜悯的哀伤，但在某种意义上这种怜悯之感又使我们得免于世界的原始痛苦，就像神话的譬喻画面使我们得免于直视最高的世界理念，思想和语词使我们得免于无意识意志的泛滥。这种壮丽的日神幻景使我们觉得，仿佛音响世界本身作为一个造型世界呈现在我们眼前，仿佛特里斯坦和伊索尔德的命运在其中如同在一种最柔软可塑的材料中被塑造出来。

所以，日神因素为我们剥夺了酒神普遍性，使我们迷恋个体，把我们的同情心束缚在个体上面，用个体来满足我们渴望伟大崇高形式的美感；它把人生形象一一展示给我们，

---

[1] 库汶那尔（Kurwenal），《特里斯坦与伊索尔德》剧中特里斯坦的侍从。

激励我们去领悟其中蕴含的人生奥秘。日神因素以形象、概念、伦理教训、同情心的激发等巨大能量，把人从秘仪纵欲的自我毁灭中拔出，哄诱他避开酒神过程的普遍性而产生一种幻觉，似乎他看见的是个别的世界形象，例如特里斯坦和伊索尔德，而**通过音乐**只会把这形象看得更仔细深入。既然日神的妙手回春之力能在我们身上激起幻觉，使我们觉得酒神因素似乎实际上是为日神因素服务的，能够提高其效果，甚至觉得音乐似乎本质上是描写日神内容的艺术，那么，它有什么事不能做到呢？

由于在完备的戏剧与它的音乐之间有预期的和谐起着支配作用，所以，戏剧便达到了话剧所不能企及的最高壮观。所有栩栩如生的舞台形象，凭借着各自独立运动的旋律线索，便在我们眼前简化为振动的清晰线条。这些并列的线索，我们可以从极其精微地与情节进展相配合的和声变化中听出来。通过和声的这种变化，我们就以感官可以觉察的方式，而绝非抽象的方式，直接把握了事物的关系；正如通过和声变化，我们也认识到唯有在事物的关系之中，一个性格和一条旋律线索的本质才完全得以显现。当音乐促使我们比一向更多更深沉地观看，并且把剧情如同一张最精美的轻纱展现在我们眼前的时候，我们洞幽察微的慧眼便好像看见舞台世界扩展至于无限，且被内在的光辉照亮。话剧作家使用完备得多的机械装置，以直接的手段，从语言和概念出发，竭力要达到可见舞台世界的这种纵深扩展和内部照明，可是他能做出什么类似的成绩呢？音乐悲剧诚然也使用语言，但它同时就展示了语言的深层基础和诞生地，向我们深刻地阐明了语言的生成。

然而，毕竟可以肯定地说，这里描述的过程只是一种壮丽的外观，即前面提到的日神幻景，我们借它的作用得以缓和酒神的满溢和过度。音乐对于戏剧的关系在本质上当然是相反的关系：音乐是世界的真正理念，戏剧只是这一理念的反光，是它的个别化的影像。旋律线索与人物生动形象的一致，和声与人物性格关系的一致，是一种对立意义上的一致，如同我们在观看音乐悲剧时可以感觉到的那样。我们可以使人物形象生动活泼，光辉灿烂，但它们始终只是现象，没有一座桥能把这现象引到真正的实在，世界的心灵。然而，音乐却是世界的心声；尽管无数同类的现象可以因某种音乐而显现，但它们绝不能穷尽这种音乐的实质，相反始终只是它的表面写照。对于音乐和戏剧之间的复杂关系，用灵魂和肉体的对立这种庸俗荒谬的说法当然什么也解释不了，却只能把一切搅乱。可是，关于这种对立的非哲学的粗俗说法似乎在我们的哲学家中间，天知道什么原因，成了一种极其流行的信条；与此同时，他们对于现象与自在之物的对立却一无所知，或者，也是天知道什么原因，根本不想知道。

从我们的分析中似乎可以得出一个结论：悲剧中的日神因素以它的幻景完全战胜了音乐的酒神元素，并利用音乐来达到它的目的，即使戏剧获得最高的阐明。当然，必须加上一个极其重要的补充：在最关键的时刻，这种日神幻景就会遭到破灭。由于全部动作和形象都从内部加以朗照阐明，凭借音乐的帮助，戏剧便在我们眼前展开，宛如我们目睹机杼上下闪动，织出锦帛，于是戏剧作为整体达到了一种效果，一种**在一切日神艺术效果彼岸**的效果。在悲剧的总效果中，酒神因素重新占据优势；悲剧以一种在日神艺术领域里闻所未闻的音调结束。日神幻景因此露出真相，证明它在悲剧演出时一直遮掩着真正的酒神效果。但是，酒神效果毕竟如此强大，以致在终场时把日神戏剧本身推入一种境地，使它开始用酒神的智慧说话，使它否定它自己和它的日神的清晰性。所以，悲剧中日神因素和酒神因素的复杂关系可以用两位神灵的兄弟联盟来象征：酒神说着日神的语言，而日神最终说起酒神的语言来。这样一来，悲剧以及一般来说艺术的最高目的就达到了。

二十二、只有真正的审美听众才能欣赏悲剧

与日神艺术无意志静观的心境不同,看悲剧时快意于现象世界的毁灭,领略到的是在太一怀抱中的最高的原始艺术快乐。驳斥对悲剧快感的非审美解释。非审美的批评家支配着当今艺术。

细心的朋友不妨凭自己的经验,想象一部精纯不杂的真正音乐悲剧的效果。我想从两个方面来描述这种效果的现象,以便他现在能够解释他自己的经验。他会忆起,他如何因为眼前上演的神话而感到自己被提高到一种全知境界,仿佛现在他的视力不再停留在表面,却能深入内蕴,仿佛他借音乐的帮助,亲眼看见了意志的沸腾,动机的斗争,激情的涨潮,一如他看见眼前布满生动活泼的线条和图形,并且能够潜入无意识情绪最微妙的奥秘中。正当他意识到他对于形象和光彩的渴求达到最高潮时,他毕竟同样确凿地感觉到,这一长系列的日神艺术效果并未产生幸福沉浸于无意志静观的心境,如同造型艺术家和史诗诗人,即真正的日神艺术家,以其作品在他身上所产生的;这种心境可谓在无意志静观中达到的

对 individuatio（个体化）世界的辩护，此种辩护乃是日神艺术的顶点和缩影。他观赏辉煌的舞台世界，却又否定了它。他看到眼前的悲剧英雄具有史诗的明朗和美，却又快意于英雄的毁灭。他对剧情的理解入木三分，却又宁愿逃入不可解的事物中去。他觉得英雄的行为是正当的，却又因为这行为毁了当事人而愈发精神昂扬。他为英雄即将遭遇的苦难战栗，却又在这苦难中预感到一种更高的强烈得多的快乐。他比以往看得更多更深，却又但愿自己目盲。这种奇特的自我分裂，日神顶峰的这种崩溃，我们倘若不向**酒神**魔力去探寻其根源，又向哪里去探寻呢？酒神魔力看来似乎刺激日神冲动达于顶点，却又能够迫使日神力量的这种横溢为它服务。**悲剧神话**只能理解为酒神智慧借日神艺术手段而达到的形象化。悲剧神话引导现象世界到其界限，使它否定自己，渴望重新逃回唯一真正的实在的怀抱，于是它像伊索尔德那样，好像要高唱它的形而上学的预言曲了：

   在极乐之海的
   起伏浪潮里，
   在大气之波的
   喧嚣声响里，
   在宇宙呼吸的
   飘摇大全里——
   沉溺——淹没——
   无意识——最高的狂喜！

那么，让我们根据真正审美听众的经验，来想象一下悲剧艺术家本人：他如何像一位多产的个体化之神创造着他的人物形象，在这个意义上他的作品很难看作"对自然的模仿"；但是，而后他的强大酒神冲动又如何吞噬这整个现象世界，以便在它背后，通过它的毁灭，得以领略在太一怀抱中的最高的原始艺术快乐。当然，关于这重返原始家园，关于悲剧中两位艺术神灵的兄弟联盟，关于听众的日神兴奋和酒神兴奋，我们的美学家都不能赞一词，相反，他们不厌其烦地赘述英雄同命运的斗争，世界道德秩序的胜利，悲剧所起的感情宣泄作用，把这些当作真正的悲剧因素。这些老生常谈使我想到，他们是些毫无美感的人，而且也许只是作为道德家去看悲剧的。自亚里士多德以来，对于悲剧效果还从未提出过一种解释，听众可以由之推断艺术境界和审美事实。时而由严肃剧情引起的怜悯和恐惧应当导致一种缓解的渲泄，时而我们应当由善良高尚原则的胜利，由英雄为一种道德世界观做出的献身，而感觉自己得到提高和鼓舞。我确实相信，对许多人来说，悲剧的效果正在于此并且仅在于此；由此也可以明确推知，所有这些人连同他们那些指手画脚的美学家们，对于作为最高**艺术**的悲剧实在是毫无感受。这种病理学的宣泄，亚里士多德的净化，语言学家真不知道该把它算作医学现象呢，还是算作道德现象，它令人想起歌德的一个值得注意的提示。他说："我没有活跃的病理学兴趣，也从来不曾成功地处理过一个悲剧场面，因此我宁愿回避而不是去寻找这种场面。也许这也是古人的一个优点：在他们，最高激情也只是审美的游戏,在我们,却必须靠逼真之助方能产生这样的效果?"最后这个如此意味深长的问题,我们现在可以根据我们美好的体验加以首肯,因为我们正是在观看音乐悲剧时惊奇地感受到,最高激情如何能够只是一种审美的游戏,何以我们要相信只是现在才可比较成功地描述悲剧的原始现象。现在谁还只是谈论借自非审美领域的替代效果,觉得自己超不出病理学过程和道德过程,他就只配对自己的审美本能感到绝望了。我们建议他按照格尔维努斯的风格去解释莎士比亚,作为无辜的候补方案,还建议他去努力钻研"诗的公正"。

所以,随着悲剧再生,**审美听众**也再生了,迄今为止,代替他们坐在剧场里的,往往是带着半道德半学理要求的一种古怪的鱼目混珠(Quidproguo),即"批评家"。在他向来的天地里,一切都被人为地仅仅用一种生活外观加以粉饰。表演艺术家茫然失措,真不知道该如何对付这种吹毛求疵的听众,所以他们以及给他们以灵感的剧作家和歌剧作曲家,焦虑不安地在这种自负、无聊、不会享受的家伙身上搜索着残余的生趣。然而,这类"批评家"组成了迄今为止的公众;大学生、中小学生乃至最清白无辜的妇女,已经不知不觉地从教育和报刊养成了对艺术品的同样理解力。对于这样的公众,艺术家中的佼佼者只好指望激发其道德宗教能力,在本应以强大艺术魅力使真正听众愉快的场合,代之以"道德世界秩序"的呼唤。或者,剧作家把当代政治和社会的一些重大的、至少是激动人心的倾向如此鲜明地搬上舞台,使观众忘记了批判的研究，而耽于类似爱国主义或战争时期、议会辩论或犯罪判决的那种激情。违背艺术的真正目的，必然直接导致对倾向的崇拜。在一切假艺术那里发生的情况，倾向之急剧的衰落，在这里也发生了，以致譬如说运用剧场进行民众道德教育这种倾向，在席勒时代尚被严肃对待，现在已被看作不足凭信的废习古董了。当批评家支配着剧场和音乐会，记者支配着学校，报刊支配着社会的时候，艺术就沦为茶余饭后的谈资，而美学批评则被当作维系虚荣、涣散、自私、原本可怜而绝无创造性的社团的纽带了，叔本华关于豪猪的寓言说明了这种社团的意义。结果，没有一个时代，人们对艺术谈论得如此之多，而尊重得如此之少。可是，我们是否还能同一个谈论贝多芬和莎士比亚的人打交道呢？每个人都可以根据他的感觉来回答这个问题，他的回答必定会表明，他所想象的"文化"是什么，当然前提是他一般来说试图回答这个问题，而不是对之瞠目结舌。

但是，有的天性真诚而温柔的人，尽管也按上述方式逐渐变成了野蛮的批评家，但还能够谈谈一次幸而成功的《罗恩格林》的演出对他产生的那种出乎意料且不可思议的效果，不过是在那提醒他、指点他的手也许不在场的时候，所以当时震撼他的那种极其纷繁的无与伦比的感觉，始终是孤立的，犹如一颗谜样的星辰亮光一闪，然后就熄灭了。他在那一瞬间可以约略猜到，什么是审美的听众。

二十三、现代文化失去了神话的家园

> 神话给一个民族的经历打上永恒的印记。神话的毁灭使文化丧失其健康的天然创造力,人、教育、风俗、国家都变成抽象的存在,不可消除内在的匮乏。

谁想准确地检验一下,他是属于真正审美的听众,还是属于苏格拉底式批评家之列,就只须坦率地自问欣赏舞台上表演的**奇迹**时有何感觉:他是觉得他那要求严格心理因果关系的历史意识受到了侮辱呢,还是以友好的让步态度把奇迹当作孩子可以理解而于他颇为疏远的现象加以容忍,抑或他别有感受。他可以据此衡量,一般来说他有多大能力理解作为浓缩的世界图景的**神话**,而作为现象的缩写,神话是不能缺少奇迹的。但是,很可能,几乎每个人在严格的检验之下,都觉得自己已如此被现代文化的历史批判精神所侵蚀,以致只有以学术的方式,经过间接的抽象,才能相信一度存在过神话。然而,没有神话,一切文化都会丧失其健康的天然创造力。唯有一种用神话调整的视野,才把全部文化运动规束为统一体。一切想象力和日神的梦幻力,唯有凭借神话,才得免于漫无边际的游荡。神话的形象必是不可察觉却又无处不在的守护神,年轻的心灵在它的庇护下成长,成年的男子用它的象征解说自己的生活和斗争。甚至国家也承认没有比神话基础更有力的不成文法,它担保国家与宗教的联系,担保国家从神话观念中生长出来。

　　与此同时,现在人们不妨设想一下没有神话指引的抽象的人,抽象的教育,抽象的风俗,抽象的权利,抽象的国家;设想一下艺术想象力不受本地神话约束而胡乱游荡;设想一下一种没有坚实而神圣的发祥地的文化,它注定要耗尽一切可能性,发育不良地从其他一切文化吸取营养,——这就是现代,就是旨在毁灭神话的苏格拉底主义的恶果。如今,这里站立着失去神话的人,他永远饥肠辘辘,向过去一切时代挖掘着,翻寻着,寻找自己的根,哪怕必须向最遥远的古代挖掘。贪得无厌的现代文化的巨大历史兴趣,对无数其他文化的搜集汇拢,竭泽而渔的求知欲,这一切倘若不是证明失去了神话,失去了神话的家园、神话的母怀,又证明了什么呢?人们不妨自问,这种文化的如此狂热不安的亢奋,倘若不是饥馑者的急不可待,饥不择食,又是什么?这样一种文化,它吞食的一切都不能使它餍足,最强壮滋补的食物经它接触往往化为"历史和批评",谁还愿意对它有所贡献呢?

　　如果我们德国的民族性格业已难解难分地同德国文化纠结在一起,甚至变为一体,如同我们惊愕地在文明化的法国所看到的,我们对它也必定感到痛心的绝望了。长期来作为法国重大优点和巨大优势的原因的东西，即民族与文化融为一体，由于上述景象，却使我们不由得感到庆幸，因为我们如此大成问题的文化至今同我们民族性格的高贵核心毫无共同之处。相反，我们的一切希望都满怀热忱地寄托于这一认识：在这忐忑不安抽搐着的文化生活和教化斗争下面，隐藏着一种壮丽的、本质上健康的古老力量，尽管它只在非常时刻有力地萌动一下，然后重又沉入酣梦，等待着未来的觉醒。德国宗教改革就是从这深渊里生长出来的，在它的赞美诗里，第一次奏响了德国音乐的未来曲调。路德的赞美诗如此深沉、勇敢、充满灵性地奏鸣，洋溢着如此美好温柔的感情，犹如春天临近之际，从茂密的丛林里迸发出来的第一声酒神的召唤。酒神信徒庄严而纵情的行列用此起彼伏的回声答复这召唤，我们为德国音乐而感谢他们——我们还将为**德国神话的再生**而感谢他们！

　　我知道，现在我必须引导专心致志的朋友登上一个独立凭眺的高地，在那里他只有少许伙伴，我要勉励他道，让我们紧跟我们光辉的向导希腊人。为了澄清我们的美学认识，我们迄今已经向他们借来了两位神灵形象，其中每位统辖着一个单独的艺术领域，而且凭借希腊悲剧，我们预感到了它们的互相接触和鼓舞。在我们看来，这两种艺术原动力引人注目地彼此扯裂，导致了希腊悲剧的衰亡。希腊民族性格的蜕化变质与希腊悲剧的衰亡契合如一，促使我们严肃地深思，艺术与民族、神话与风俗、悲剧与国家在其根柢上是如何必然和紧密地连理共生。悲剧的衰亡同时即是神话的衰亡。在此之前，希腊人本能地要把一切经历立即同他们的神话联系起来，甚至仅仅通过这种联系来理解它们。在他们看来，当前的时刻借此也必定立即 sub specie aeterni（归入永恒范畴），在某种意义上成为超时间的。国家以及艺术都沉浸在这超时间之流中，以求免除眼前的负担和渴望而得安宁。一个民族（以及一个人）的价值，仅仅取决于它能在多大程度上给自己的经历打上永恒的印记，因为借此它才仿佛超凡脱俗，显示了它对时间的相对性，对生命的真正意义即形而上意义的无意识的内在信念。如果一个民族开始历史地理解自己，拆除自己周围的神话屏障，就会发生相反的情形。与此相联系的往往是一种断然的世俗倾向，与民族早期生活的无意识形而上学相背离，并产生种种伦理后果。希腊艺术，特别是希腊悲剧，首先阻止了神话的毁灭，所以必须把它们一起毁掉，才能脱离故土，毫无羁绊地生活在思想、风俗和行为的荒原上。即使这时，那种形而上冲动仍然试图在勃兴的科学苏格拉底主义中，为自己创造一种哪怕是削弱了的神化形式。但是，在低级阶段上，这种冲动仅仅导致一种狂热的搜寻，而后者又渐渐消失在由各处聚拢来的神话和迷信的魔窟里了。希腊人仍然不甘心于处在这魔窟中，直到他们学会像格拉库卢斯那样用希腊的乐天和希腊的轻浮掩饰那种狂热，或者用随便哪种阴郁的东方迷信完全麻醉自己。

在难以描述的长期中断之后，亚历山大罗马时代终于在15世纪复苏，自那时起，我们又触目惊心地接近了这种状态。登峰造极的同样旺盛的求知欲，同样不知餍足的发明乐趣，同样急剧的世俗倾向，加上一种无家可归的流浪，一种挤入别人宴席的贪馋，一种对于现代的轻浮崇拜，或者对于"当下"的麻木不仁的背离，把一切都 sub specie saeculi（归入世俗范畴）：所有这些提供了同样的征兆，使人想到这种文化的核心中包含的同样缺点，想到神话的毁灭。连续不断地移植外来神话，却要不让这种移植无可救药地伤害树木本身，看来简直是不可能的。树木也许曾经相当强壮，足以通过艰难斗争重新排除外来因素，但往往必定衰败凋零，或因病态茂盛而耗竭。我们如此珍重德国民族性格的精纯强健的核心，所以我们敢于期望它排除粗暴移入的外来因素，也敢于相信德国精神的自我反省乃是可能的。也许有人会认为，德国精神必须从排除罗马因素开始其斗争。他也许可以在最近这场战争的得胜骁勇和沐血光荣中，看到对此的表面准备和鼓舞。然而，一种内在冲动却要在竞赛中力争始终无愧于这条路上的崇高先驱者，无愧于路德以及我们伟大的艺术家们和诗人们。但是他决不可相信，没有他的家神，没有他的神话家园，没有一切德国事物的"复归"，就能进行这样一场斗争！如果德国人畏怯地环顾四周，想为自己寻找一位引他重返久已丧失的家乡的向导，因为他几乎不再认识回乡的路径——那么，他只须倾听酒神灵禽的欢快召唤，它正在他头顶上翱翔，愿意为他指点归途。

二十四、对悲剧快感的审美解释和艺术形而上学

必须在纯粹审美领域内寻找悲剧特有的快感，而不可侵入怜悯、恐惧、道德崇高之类的领域。艺术形而上学的命题：只有作为一种审美现象，人生和世界才显得是有充足理由的。悲剧神话表明，甚至丑与不和谐也是意志在其永远洋溢的快乐中借以自娱的一种审美游戏。

在音乐悲剧所特有的艺术效果中，我们要强调日神幻景，凭借它，我们可以得免于直接同酒神音乐成为一体，而我们的音乐兴奋则能够在日神领域中，依靠移动于其间的一个可见的中间世界得到渲泄。可是，我们以为自己看到，正是通过这种宣泄，剧情的中间世界以及整个戏剧才由里向外地变得清晰可见，明白易懂，达到其他一切日神艺术不可企及的程度。所以，当我们看到这个中间世界仿佛借音乐的精神轻盈升举，便不得不承认，它的力量获得了最大提高，因而无论日神艺术还是酒神艺术，都在日神和酒神的兄弟联盟中达到了自己的最高目的。

当然，由音乐内在照明的日神光辉画面所达到的，并非较弱程度的日神艺术所特有的那种效果。史诗和雕塑能够使观赏的眼睛恬然玩味个体化世界，而戏剧尽管有更高的生动性和鲜明性，却无法达到此种效果。我们观赏戏剧，以洞察的目光深入到它内部动荡的动机世界中去——在我们看来，仿佛只是一种譬喻画面掠过我们眼前，我们深信猜中了它至深的含义，而只想把它当作一层帷幕扯去，以求一瞥幕后的真相。最明朗清晰的画面也不能使我们满足，因为它好像既显露了什么，也遮蔽了什么。正当它好像用它的譬喻式的启示催促我们去扯碎帷幕，揭露神秘的背景之时，这辉煌鲜明的画面重又迷住我们的眼睛，阻止它们更深入地观看。

谁没有经历过同时既要观看又想超越于观看之上这种情形，他就很难想象，在观赏**悲剧神话**时，这两个过程如何确然分明地同时并存，且同时被感觉到。反之，真正的审美观众会为我证明，在悲剧特有的效果中，这种并存现象乃是最值得注意的。现在，只要把审美观众的这个现象移译为悲剧艺术家身上的一个相似过程，就可以理解悲剧神话的起源了。悲剧神话具有日神艺术领域那种对于外观和静观的充分快感，同时它又否定这种快感，而从可见的外观世界的毁灭中获得更高的满足。悲剧神话的内容首先是颂扬战斗英雄的史诗事件。可是，英雄命运中的苦难，极其悲惨的征服，极其痛苦的动机冲突，简言之，西勒诺斯智慧的例证，或者用美学术语表达，丑与不和谐，不断地被人们以不计其数的形式、带着如此的偏爱加以描绘，特别是在一个民族最兴旺最年轻的时代，莫非人们对这一切感到更高的快感？悲剧的这种谜样的特征从何而来呢？

因为，人生确实如此悲惨，这一点很难说明一种艺术形式的产生；相反，艺术不只是对自然现实的模仿，而且是对自然现实的一种形而上补充，是作为对自然现实的征服而置于其旁的。悲剧神话，只要它一般来说属于艺术，也就完全参与一般艺术这种形而上的美化目的。可是，如果它在受苦英雄的形象下展示现象世界，它又美化了什么呢？它并不美化现象世界的"实在"，因为它径直对我们说："看呵！仔细看呵！这是你们的生活！这是你们生存之钟上的时针！"

那么，神话指示出这种生活，是为了在我们面前美化它吗？倘若不是，我们看到这些形象时所感到的审美快感究竟何在呢？我问的是审美快感，不过我也很清楚，许多这类形象此外间或还能唤起一种道德快感，例如表现为怜悯或庆幸道义胜利的形式。但是，谁仅仅从这些道德根源推导出悲剧效果，如同美学中长期以来流行的那样，但愿他不要以为他因此为艺术做了点什么。艺术首先必须要求在自身范围内的纯洁性。为了说明悲剧神话，第一个要求便是在纯粹审美领域内寻找它特有的快感，而不可侵入怜悯、恐惧、道德崇高之类的领域。那么，丑与不和谐，悲剧神话的内容，如何能激起审美的快感呢？

现在，我们在这里必须勇往直前地跃入艺术形而上学中去，为此我要重复早先提出的这个命题：只有作为一种审美现象，人生和世界才显得是有充足理由的。在这个意义上，悲剧神话恰好要使我们相信，甚至丑与不和谐也是意志在其永远洋溢的快乐中借以自娱的一种审美游戏。不过，酒神艺术的这种难以把握的原始现象，在**音乐的不协和音**的奇特意义中，一下子极其清楚和直接地被把握住了，正如一般来说唯有与世界并列的音乐才能提供一个概念，说明作为一种审美现象的世界的充足理由究竟是指什么。悲剧神话所唤起的快感，与音乐中不协和音所唤起的快感有着同一个根源。酒神冲动及其在痛苦中所感觉的原始快乐，乃是生育音乐和悲剧神话的共同母腹。

这样，我们借助于音乐中不协和音的关系，不是把悲剧效果这个难题从根本上简化了吗？现在我们终于知道，在悲剧中同时既要观看又想超越于观看之上，这是什么意思了。对于艺术上性质相近的不协和音，我们正是如此描述这种状态的特征的：我们要倾听，同时又想超越于倾听之上。在对清晰感觉到的现实发生最高快感之时，又神往于无限，渴慕之心振翅欲飞，这种情形提醒我们在两种状态中辨认出一种酒神现象：它不断向我们显示个体世界建成而又毁掉的万古常新的游戏，如同一种原始快乐在横流直泻。在一种相似的方式中，这就像晦涩哲人赫拉克利特把创造世界的力量譬作一个儿童，他嬉戏着迭起又卸下石块，筑成又推翻沙堆。

所以，要正确估价一个民族的酒神能力，我们不能单单考虑该民族的音乐，而是必须把该民族的悲剧神话当作这种能力的第二证据加以考虑。鉴于音乐与神话之间亲密的血缘关系，现在同样应当推测，其中一个的蜕化衰落将关联到另一个的枯萎凋败。一般来说，神话的衰弱表明了酒神能力的衰弱。关于这两者，只要一瞥德国民族性格的发展，就不容我们置疑了。无论在歌剧上，还是在我们失去神话的生存的抽象性质上，无论在堕落为娱乐的艺术中，还是在用概念指导的人生中，都向我们暴露了苏格拉底乐观主义既否定艺术，又摧残生命的本性。不过还有一些值得我们欣慰的迹象表明，尽管如此，德国精神凭借它的美好的健康、深刻和酒神力量而未被摧毁，如同一位睡意正浓的骑士，在深不可及的渊壑中休憩酣梦。酒神的歌声从这深渊向我们飘来，为的是让我们知道，这位德国骑士即使现在也还在幸福庄重的幻觉中梦见他的古老的酒神神话。没有人会相信，德国精神已经永远失去了它的神话故乡，因为它如此清晰地听懂了灵鸟思乡的啼声。终有一天，它将从沉睡中醒来，朝气蓬勃，然后它将斩杀蛟龙，扫除险恶小人，唤醒布仑希尔德——哪怕浮旦[1]的长矛也不能阻挡它的路！

我的朋友，你们信仰酒神音乐，你们也知道悲剧对于我们意味着什么。在悲剧中，我们有从音乐中再生的悲剧神话，而在悲剧神话中，你们可以希望一切，忘掉最痛苦的事情！但是，对我们大家来说，最痛苦的事情就是——长期贬谪，因此之故，德国的创造精神离乡背井，在服侍险恶小人中度日。你们是明白这话的，正如你们也终将明白我的希望。

1　布仑希尔德（Bruennhild），瓦格纳《尼伯龙根的指环》剧中女主角之一，浮旦（Wotan）为同一剧中众神之王。

二十五、酒神呼唤日神进入人生

> 酒神呼唤日神进入人生。二元艺术冲动按照严格的相互比率，遵循永恒公正的法则，发挥它们的威力。

音乐和悲剧神话同样是一个民族的酒神能力的表现，彼此不可分离。两者都来自日神领域彼岸的一个艺术领域。两者都美化了一个世界，在其快乐的和谐中，不协和音和恐怖的世界形象都神奇地消逝了。两者都信赖自己极其强大的艺术魔力，嬉戏着痛苦的刺激。两者都用这游戏为一个哪怕"最坏的世界"的存在辩护。在这里，酒神因素比之于日神因素，显示为永恒的本原的艺术力量，归根到底，是它呼唤整个现象世界进入人生。在人生中，必须有一种新的美化的外观，以使生气勃勃的个体化世界执着于生命。我们不妨设想一下不协和音化身为人——否则人是什么呢？——那么，这个不协和音为了能够生存，就需要一种壮丽的幻觉，以美的面纱遮住它自己的本来面目。这就是日神的真正艺术目的。我们用日神的名字统称美的外观的无数幻觉，它们在每一瞬间使人生一般来说值得一过，推动人去经历这每一瞬间。

况且，一切存在的基础，世界的酒神根基，它们侵入人类个体意识中的成分，恰好能够被日神美化力量重新加以克服。所以，这两种艺术冲动，必定按照严格的相互比率，遵循永恒公正的法则，发挥它们的威力。酒神的暴力在何处如我们所体验的那样汹涌上涨，日神就必定为我们披上云彩降落到何处；下一代人必将看到它的蔚为壮观的美的效果。

任何人只要一度哪怕在梦中感觉自己回到古希腊生活方式，他就一定能凭直觉对这种效果的必要性发生同感。漫步在爱奥尼亚[1]的宏伟柱廊下，仰望轮廓分明的天际，身旁辉煌的大理石雕像映现着他的美化的形象，周围是步态庄严举止文雅的人们，有着和谐的嗓音和优美的姿势——美如此源源涌来，这时他岂能不举手向日神喊道："幸福的希腊民族啊！你们的酒神必定是多么伟大，如果提洛斯之神[2]认为必须用这样的魔力来医治你们的酒神狂热！"但是，对于一个怀有如此心情的人，一位雅典老人也许会用埃斯库罗斯的崇高目光望着他，回答道："奇怪的外乡人啊！你也应当说：这个民族一定受过多少苦难，才能变得如此美丽！但是，现在且随我去看悲剧，和我一起在两位神灵的庙宇里献祭吧！"

1　爱奥尼亚（Ionia），古代地理名称，指安纳托利亚西部沿海的中段地区。爱奥尼亚人对希腊文化作出了巨大贡献，其中包括荷马史诗、米利都派哲学、建筑、雕塑等。

2　提洛斯之神（der delische Gott），即日神阿波罗，提洛斯岛为神话中阿波罗的出生地，古希腊阿波罗崇拜的主要中心之一。

酒神世界观[1]

---

[1] Die dionysische Weltanshcaoung. 写于1870年，生前未出版。原文各节只有序号，标题和内容提要为译者所加。

一、日神和酒神：希腊艺术的二元源泉

日神和酒神是希腊艺术的二元源泉。日神艺术与梦嬉戏，酒神艺术与醉嬉戏。在酒神节，大自然是艺术家，把人变成了其作品。酒神节来自东方，希腊人用日神制服酒神，给过于强大的本能套上美的枷锁，与之结成兄弟联盟。

希腊人借他们的众神宣说着，同时也隐匿着他们的世界观秘教，他们设置了两位神灵作为他们的艺术的二元源泉，即日神和酒神。在艺术领域中，这两个名字代表着风格的对立，这种对立几乎总是导致短兵相接的斗争，唯有一次，在希腊人"意志"的全盛时期，才仿佛被克服而产生了阿提卡悲剧艺术作品。在两种状态之中，在**梦**中和**醉**中，人获得了生存的极乐之感。在梦境中，人人都是完全的艺术家，其美丽的外观乃是一切造型艺术之父，并且正如我们即将看到的，也是大半诗歌之父。我们享受着对**形象**的直接理解，一切形式都对我们说话；不复有冷漠多余之物。当此梦境最生动时，我们甚至会有被其**光辉**（Schein）照透的感觉；直到这感觉停止，病理作用才开始，于是梦不再使人振奋，梦境的天然康复力量也随之停止了。然而，在彼界限内，不仅有我们十分明智地在自身中寻找的惬意和善的图像，而且严肃、悲伤、忧郁、暧昧的东西也以同样的乐趣被观照，只不过此时外观的面幕也必定在飘摇之中，从而现实的基本形式不能被完全遮盖住了。因此，如果说梦是单个的人与现实嬉戏，那么，造型艺术就是（广义的）雕塑家与**梦嬉戏**。雕像作为大理石块是很现实的东西，而雕像的现实**作为梦中形象**却是神的生动人格。只要雕像还是在艺术家眼前浮现的想象的图像，艺术家就仍然是在与现实嬉戏；唯有当他把这个图像转移到了大理石里面，他才是在与梦嬉戏。

在何种意义上，**日神**被改造成了**艺术之神**呢？仅仅在他是梦中表象之神的意义上。他完全是"发光者"，在至深的根源上是借照耀展现自身的太阳之神和光明之神。美是他的要素，永恒的青春与他相伴。但是，梦境的美丽外观也是他的王国，与只能有缺陷地认识的日常现实相反，此一境界的更高真理和完美性把他提升为箴言之神，也同样确凿地把他提升为艺术之神。美丽外观之神必然兼为真实认识之神。不过，梦像不可逾越一个微妙的界限，方不至于发生病理作用，在那里外观不但迷惑人而且欺骗人，这一界限在日神的本质中也不可缺少：那适度的节制，那对于狂野激情的摆脱，那造型之神的智慧和宁静。他的明眸必须"太阳一般的"沉稳，即使当它怒视之时，仍保持着美丽外观的庄严。

与此相反，酒神艺术立足于与醉、与迷狂嬉戏。主要有两种力量令村野之人达于忘我的醉境，即春天情怀和麻醉饮料。它们的作用在酒神的形象中被象征化了。在这两种状态中，principium individuationis（个体化原理）被彻底打破，面对汹涌而至的普遍人性和普遍自然性的巨大力量，主体性完全消失。酒神节不但使人与人结盟，而且使人与自然和解。大地心甘情愿地贡献它的礼物，最凶猛的野兽和睦共处，酒神的饰满花冠的车驾由虎豹牵行。贫困和专制在人与人之间设置的一切等级界线皆已泯灭，奴隶成为自由人，贵族和贱民统一为同一个巴克斯[1]合唱队。人群越聚越多，到处传播着"大同"福音，每个人皆已忘言废步，载歌载舞地表明自己是一个更高更理想的共同体的成员。不仅如此，他还感到自己被施了魔法，他事实上已经变成了另一种东西。正像百兽开口说话，大地呈献奶和蜜一样，也有某种超自然的力量在他身上显现。他觉得自己宛如神灵，一向只活跃在他的想象力中的东西，此时他发现皆是事实。现在对他来说，图画和雕塑算得了什么？人不复是艺术家，他已变成艺术品，他如此心醉神迷而又意气风发地变化着，一如他在梦中看见众神变化那样。大自然的艺术力，而不再是某一个人的艺术力，在这里显现出来。一种更高贵的黏土，一种更珍贵的大理石，在这里被搓捏削凿，这就是人。这个被酒神艺术家塑造的人对于大自然的关系，正相当于雕像对于日神艺术家的关系。

如果说醉是自然与人嬉戏，那么，酒神艺术家在创作时

---

1 巴克斯（Bacchus），酒神在罗马的名称。

便是与醉嬉戏。倘若一个人不曾有过亲身体验，就只好用譬喻的方式来让他理解这种状态了。当他做梦而同时又知道自己是在做梦，那状态庶几近之。因此，酒神仆人必定是一边醉着，一边埋伏在旁看这醉着的自己。并非在审视与陶醉的变换中，而是在这两者的并存中，方显出酒神艺术家的本色。

这种并存关系标志着希腊精神的高度。日神原是希腊唯一的艺术之神，它的力量现在竟能如此有效地制服从亚洲汹涌而至的酒神，使美好的兄弟联盟得以产生。在这里，我们可以轻而易举地把握希腊本性中令人难以置信的理想主义：一种原始崇拜，在亚洲人那里意味着最粗野地放纵低级本能，在某个时刻冲破一切社会约束，过淫荡的兽性生活，在他们这里却变成了一个救世节，一个神化日。他们把狂欢升华，以此展现了其天性中极其精致的本能。

然而，比起这个新神汹涌而至的时刻来，希腊精神从未置身于更大的危险中，而德尔斐的阿波罗的智慧也从未显现于更美丽的光辉中。他一开始就勉力在这个强有力的对手四周布置了美轮美奂的纱幕，使之几乎觉察不到自己在半拘禁状态中正发生着变化。由于德尔斐的祭司们明察这一新崇拜对于社会再生的深刻影响，并遵照自己的政治和宗教意图加以促进，由于日神艺术家以谨慎的自制态度向酒神仆人的革命艺术学习，最后，由于将德尔斐祭礼的年度主角在阿波罗和狄俄尼索斯之间进行分配，两位神灵仿佛都作为胜利者从他们的竞争中解脱了，在竞争场上便达成了和解。如果谁想十分清晰地看到，日神因素是多么坚决地抑制了酒神的非理性超自然因素，他不妨想一想，在较早的乐段中，$\gamma \varepsilon \nu o \varsigma$ $\delta \iota \theta \upsilon \rho \alpha \mu \beta \iota \chi o \nu$（酒神颂歌）同时就是 $\eta \sigma \upsilon \chi \alpha \sigma \tau \iota \chi o \nu$（保持平静）。现在，日神艺术精神的生长越是有力，酒神兄弟的发展就越是自由。当前者达到了仿佛完全不动心的美的静观之时，就在这同时，在菲狄亚斯时代，后者在悲剧中解释了世界之谜和世界之恐怖，在悲剧音乐中说出了最深刻的自然观念，那在一切现象之中和之上的"意志"的涌动。

如果说音乐也是日神艺术，那么，这仅是就节奏而言的，节奏的**造型**力量被发展来描绘日神状态了。日神音乐是音调建筑学，而且只限于受到了解释的音调，一如基塔拉琴（Kithara）所固有的那样。那构成了酒神音乐乃至一般音乐的特征的东西，音调的震撼力，和声的绝妙境界，则被小心翼翼地排除了。希腊人对于后者有极精微的感觉，就像我们从严格的**调式**特征中获知的那样，不过，在他们那里，对于一种**制作出来**的、真正演奏着的和声的需要，要比我们现在微弱得多。在和声效果及其略写记号中，在所谓旋律中，"意志"完全是直接现身，用不着预先进到一种现象里去。每一个个体都可以充当譬喻，宛如普遍规则的一个个案。但是，与此相反，酒神艺术家却要直接而清晰地解释现象的本质，他控制住尚未具形的意志的混乱，能够在每个创造的瞬间从混乱中创造出一个新的世界，**但也是**作为现象已被熟知的**老的**世界。在后一层意义上，他是悲剧音乐家。

在酒神的醉境中，在酒精亢奋或春情澎湃时整个心灵音阶此起彼伏的轰鸣中，自然在其最高力量之中显示了自身。它把个别生灵重新联接起来，让他们感觉为一体；以至于 principium individuationis（个体化原理）显得像是意志的持续衰弱状态了。意志越是腐败，整体就越是分裂成个别，个体越是自私任性地发展，它所服务的机体就越是衰弱。在这些状态中，仿佛迸发出了意志的一口伤感之气，针对徒劳之举的一声"造物的叹息"。从极乐中响起了惊恐的喊叫，对于不可弥补的失败的充满渴望的哀鸣。茂盛的自然同时庆祝它的农神节和它的死神节。在它的祭司们身上，各种激情最奇特地混合在一起，痛苦唤醒了快乐，欢呼夺走了胸中的悲喊。δ λυσιοζ（解脱）之神使万物从己解脱，使万物变形。自然在激动的人群身上获得了声音和动作，对荷马时代的希腊世界来说，他们的歌声和表情是全新的东西，闻所未闻。在他们看来，那是一种东方的东西，他们必须靠着自己伟大的节奏力量和造型力量将其征服，而且，就像对于同时期的埃及寺庙风格那样，终于将其征服了。这是给过于强大的本能套上了美的枷锁的日神民族，它驯服了大自然最危险的元素和最凶猛的野兽。倘若我们把希腊人这里酒神节庆的升华与其他民族那里由同一源泉发生的东西做一比较，就会对他们的理想化力量惊叹不已了。类似的节日十分古老，到处有其存在的证据，最著名的是巴比伦的萨凯亚节（Sakaeen）。在那里，在持续五天的节庆中，任何国家的和社会的束缚皆被扯碎；其核心是性的原始状态，全部家庭意识一朝毁于无节制的淫欲。希腊酒神节则呈现了与此相反的景象，欧里庇得斯曾在《酒神侍者》中加以描绘。从中涌现的是同样的魅力，同样有神化作用的音乐陶醉，斯科帕斯[1]和普拉克西特利斯[2]将它们浓缩成了雕像。一个报信人叙述道，在正午的炎热中，他随众人登上峰巅，恰逢其时其地，得以目睹难见之景；此刻，潘神正在酣眠，天空一如泛着灵光的静止背景，白昼**繁荣似锦**。在阿尔卑斯山的一片牧场上，这个报信人看见三支女子歌队，她们散布在原野上，神态端庄。许多女子背靠冷杉树干，万物睡意朦胧。突然，彭透斯的母亲发出欢呼，睡意消除，万物苏醒，一幅古风图；少女和女子们卷发垂肩，重整狍皮衣饰，而在睡梦中皆已宽衣解带。她们以蛇系身，蛇信任地舔着她们的面颊，一些女子怀抱幼狮和狍，为它们哺乳。人人皆头戴常春藤花冠，装饰着旋花，山水间响起酒神节杖的敲击声，以棒击地，美酒喷涌。无花果滴下蜜汁，无论谁以纤指触地，立刻有雪白的奶液流出。——这是一个完全入魔的世界，大自然庆祝它与人类的和解。神话告诉我们，阿波罗重新缀合了被肢解的狄俄尼索斯。这就是经由阿波罗重新创造、从其亚洲的肢解中拯救了出来的酒神的形象。

---

1   斯科帕斯（Skopas），公元前 4 世纪希腊雕刻家和建筑师。
2   普拉克西特利斯（Praxiteles），公元前 4 世纪雅典雕刻家。

二、日神与酒神：美与真的斗争

> 希腊神话是生命宗教，生命在美的境界中得以神化。酒神与真理同源，它的侵入使真与美的斗争空前激烈。抒情诗与史诗的不同。日神文化遵循适度即美的尺度，酒神揭示大自然的真理是过度。

正如我们已在荷马史诗中所看到的，希腊众神堪称完美，绝不可看作窘迫和需要的产物。这样的生灵与焦虑不安的心情无缘，不会逃避生活，一种天才想象力将其图像映现在了苍穹之上。由他们之口言说的是一种生命宗教，而非义务、苦行或空灵。所有这些形象都散发着人生凯旋的气息，一种充实的生命感觉引导着他们的文化。他们一无所求，一切现存之物都在他们身上得以神化。倘若用其他宗教严肃、圣洁、正经的尺度衡量，希腊宗教便有被低估为想象力的小把戏的危险——除非我们能够认识最深刻智慧的常遭误解的面容，那个享乐主义的神界正是借之突现为世上无双的艺术家民族的创造，几乎是最高的创造。这个**民族**的哲学借被囚的林神之口向芸芸众生揭示了出来："最好是未尝生，其次好是立刻死。"这同一种哲学构成了那个神界的背景。希腊人熟知生存的恐怖和可怕，却想将之掩盖，以便能够活下去，用歌德的比方来说，便是把十字架掩藏在玫瑰花下面。那个光彩照人的奥林匹斯神界之所以获得了统治，正是要用宙斯、阿波罗、赫耳墨斯[1]等光辉形象掩盖黑暗的μοιρα（莫依拉[2]）森林，后者决定了阿喀琉斯的早死和俄狄浦斯的可憎婚姻。谁想从这个中介**世界**获取艺术的**外观**，他就必须追随**酒神**陪伴林神的智慧。这里也有一种**必要性**，迫使这个民族的艺术天才创造了这些神灵。所以，神正论（Theodicee）从来不是一个希腊问题，我们不该苛求众神对世界存在及其状态承担责任。哪怕神灵也要服从ανανχη（必然性）：这是最罕见的智慧所做的告白。希腊"意志"在一面有神化效果的镜子中观看自身的存在，一如其现在所是的样子，并用这面镜子防备美杜莎——这是它的天才策略，以求根本上能够活下去。因为这样一个极其敏感、如此特别容易**痛苦**的民族，倘若其生存不是在其众神身上显示给他们，被一种更高的光辉所环照，他们还有什么别的办法忍受这生存！召唤艺术进入生命的这同一冲动，作为诱使人继续生活下去的补偿和生存的完成，同样促成了奥林匹斯世界的诞生，一个美、宁静、欢乐的世界。

由于这样一种宗教的作用，在荷马的世界里，生命就被

---

1 赫耳墨斯（Hermes），希腊神话中的畜牧之神，商业之神，又是宙斯的传旨者，诸神的信使。
2 莫依拉，意为命运，希腊人的宗教观念之一，认为连诸神都要服从莫依拉，但莫依拉没有人的形象。

看作本身值得追求的东西，它沐浴着这些神灵的明丽阳光。荷马式人物的**悲痛**在于与这生存分离，尤其是过早地分离。只要哀叹响起，所叹的总是"短命的阿喀琉斯"，人类世代的迅速变换，英雄时代的一去不返。渴望活下去，哪怕是作为苦工，这种想法在最伟大的英雄也并非不足取。"意志"从未像在希腊人身上那样明确地表达自己，他们的哀叹同时也就是他们的赞歌。因此，现代人向往那个时代，相信在那里可以听见自然与人的完全共鸣。因此，对所有要为其自觉的意志之肯定而寻求光辉榜样的人来说，希腊人的生活就是答案。最后，因此，"希腊的乐天"这个概念在享乐派作家手下应运而生，以至于一种放荡不羁的懒散生活也有失恭敬地借"希腊式"一语而得到原谅甚至受到尊敬。

所有这些观念都把最高贵混同于最平庸，希腊精神遭到了过于简单生硬的理解，在相当程度上是按照缺乏丰富性的单面民族（例如罗马人）的形象塑造的。我们本应该依据一个民族的世界观来揣想其对于艺术外观的需要，这个民族惯于将触及的一切点化成金。事实上，正如已经提到的，我们在这种世界观中发现了一种巨大幻觉，正是这同一种幻觉，大自然为了实现自己的目标而经常加以利用。真实的目的被幻象遮盖了，我们伸手去抓后者，而大自然却靠我们的受骗实现了前者。在希腊人身上，意志要通过把自己神化为艺术品而直观自身。它的造物为了颂扬自己，就必须首先觉得自己配受颂扬，他们必须在一个更高境界中再度观照自己，仿佛被提升到了理想之中，这个完美的静观世界不是作为命令或谴责发生作用。这就是美的境界，他们在其中看到了自己的镜中映象——奥林匹斯众神。希腊人的意志用这一武器对抗那种与趋向**痛苦**和痛苦的智慧的艺术相关联的才能。从这场斗争中，作为它**获胜**的纪念碑，悲剧诞生了。

痛苦的醉和美丽的梦有着不同的神界。前者依其本质的全能而深入自然最核心的思想之中，它了解求生存的强大冲动，同时又了解一切进入生存者的不断死亡；它创造的神灵们既善亦恶，与偶然性相似，害怕突然出现的计划性，没有同情心，对美不感兴趣。它们与真理同源，与概念相邻，难以浓缩为形象。直观它们会使人成为化石，人如何能借之生活？不过，人也不应这样做，这是它们的教导。

即使不能完全做到，人们仍能把这些神灵当作一个不可饶恕的秘密加以隐瞒，必须借助于奥林匹斯世界琳琅满目的梦之诞生，将目光从它们身上引开。于是，这个世界的缤纷云霞、它的感性形象冉冉升起，升得越高，它的真理或象征就越行之有效。然而，真与美之间的斗争从未像酒神服役侵入之时那样激烈，这时自然脱去了伪装，异常清晰地谈论自己，面对它所用的**音调**，诱人的外观几乎失去了自己的权力。这一源泉出自亚洲，但唯有在希腊方能变成洪流，因为它在这里第一次找到了亚洲不能给予它的东西，最敏锐的多愁善感与最灵巧的高瞻远瞩之间的联姻。日神如何挽救希腊精神呢？它把这新来者引入美丽外观的世界里，奥林匹斯世界里，最尊贵的神灵例如宙斯和阿波罗为之牺牲了许多声誉。从未有一个客人会带来这么大的麻烦，由于他严重地毁坏了客居的房屋,他也是一个可怕的客人(在任何意义上的hostis,即外邦人)。在所有的生活形式中掀起了一场巨大革命,酒神向各处进军,包括向艺术领域。

观照、美、外观限定了日神艺术的范围,这是眼睛的美化境界,眼睛闭合之时的梦中艺术创造。**史诗**也想要把我们置于这样的梦境之中,使我们睁着眼睛却一无所见,只沉湎于内心的画面,这画面是行吟诗人试图藉概念在我们心中诱发的。造型艺术的效果在这里发生了一个转折。如果说雕塑家通过被削凿的大理石引导我们走向他所梦见的**栩栩如生**的神灵,以至于原本飘浮如 τελοζ(终极状态)的形象对雕塑家和欣赏者都变得历历在目,雕塑家通过**中介形象**促使欣赏者随后观看,那么,史诗诗人看见了同样栩栩如生的形象,并且也想诱导别人看见它们。但是,他不再在自己和人们之间放上雕塑,他宁可用活动、声音、语词、情节来叙述,这些形象如何证明了自己的生命,他迫使我们由许多结果追溯原因,他令我们不得不形成一种艺术构图。倘若我们历历在目地看见了形象、图像或其组合,倘若他向我们传达了他自己最初在其中创造出了那个观念的那一梦境,他便实现了他的目的。史诗对于**形象**创造的要求证明,抒情诗与史诗是何等截然不同,因为抒情诗从来不把图像形式当作目的。两者的共同之处仅在某种材料性质的东西,在语词,更一般地说在概念。当我们谈论诗歌的时候,我们并无一种似乎能与造型艺术和音乐相并立的类别,只有两种本质上完全不同的艺术手段的粘合,其中一种是通向造型艺术的**道路**,另一种是通向音乐的道路，但两者都只是通向艺术创作的道路，而不是艺术本身。在此意义上，绘画和雕塑当然也只是艺术手段，本然的艺术是创造形象的能力，不管是先行创造（Vor-schaffen）还是随后创造（Nach-schaffen）。艺术的**文化意义**就建立在这一特性——一种人类普遍特性——的基础之上。艺术家——作为负有通过艺术手段走向艺术的使命的人——不可能同时是艺术活动的吸收器官。

　　日神**文化**，不管是表现在神庙里、雕塑上还是荷马史诗中，其造型艺术家皆以**适度**这个伦理要求作为其崇高目标，它与美这个美学要求是并驾齐驱的。唯有在尺度、界限的作用**可以认知**的地方，适度才有可能确立为要求。为了能够遵守自己的界限，人们必须知道它，由此产生了阿波罗的告诫 $\gamma\nu\omega\theta\iota\ \sigma\varepsilon\alpha\upsilon\tau o\nu$（"认识你自己"）。可是，日神的希腊人借以看见自己、亦即认识自己的那面镜子就是奥林匹斯神界，在梦的美丽外观围绕之下，他们从中重睹了自身最真实的本质。适度即美的尺度，新的神界（面对一个汹涌的泰坦世界）在其约束下活动。希腊人自觉遵守的界限即美丽外观的界限。一种诉诸美和适度的文化的至深目的诚然只能是掩盖**真理**，$\mu\eta\delta\varepsilon\nu\ \alpha\gamma\alpha\nu$（过犹不及）的警告不只是针对泛滥的泰坦势力，而且也是针对效忠于真理的不倦的研究者发出的。普罗米修斯的例子向希腊人表明，人类认识的过分采掘对于采掘者和被采掘者都会产生致命的后果。谁试图凭借他的智慧与神抗衡，他就必须像赫西奥德[1]一样 $\mu\varepsilon\tau\rho o\nu\ \varepsilon\chi\varepsilon\iota\nu\ \sigma o\phi\iota\eta\zeta$（适度才有智慧）。

现在，酒神节的狂欢之声冲进一个如此建造和受到人为保护的世界里来了，在此声音中，大自然在快乐、痛苦和认识方面的整个**过度**全都暴露无遗。迄今为止作为界限和尺度起作用的一切，此时皆被证明只是人为的假象，而"过度"则被揭示为真理。在热情洋溢的无比陶醉中，富有魔力的全民歌唱第一次如火如荼，面对这一情景，日神吟唱诗人连同其 $\chi\iota\theta\alpha\rho\alpha$（弦琴）的如诉如泣的声音算得了什么？音乐的因素，从前仅在诗与音乐的手工业公会中被小规模地繁殖，同时拒斥一切世俗参与，不得不靠日神天才的威力固守一种简单的建筑学水平，此时摆脱了一切限制。从前仅在最简单的重复中运动的节奏松开了其肢体，一变而成了酒神舞蹈。**音调**奏响，不再似从前幽灵一般阴郁，而是成千倍地敞亮，有音色深沉的管乐伴奏。最神秘的事情出现了，和声应运而生，使人们得以在其运动中直接理解大自然的意志。现在，在酒神环境中，日神世界里曾被隐藏的事物声张开来了，奥林匹斯众神的全部光辉面对西勒诺斯的智慧黯然失色。一种在醉狂中言说真理的艺术照亮了外观艺术众缪斯；个体及其界限和尺度消解在酒神的忘我之境中，诸神的黄昏近在眼前。

意志归根结底只有**一个**，它违背其固有的日神创造，允

---

[1] 赫西奥德（Hesiod，活动时期约公元前700年），希腊最早的诗人之一，两部完整的史诗《神谱》《工作与时日》保存至今。

许酒神因素入场，究竟有何意图？

这涉及生存的一种新的更高的 $\mu\eta\chi\alpha\nu\eta$（方式），**悲剧思想的诞生**。

三、希腊的悲喜剧艺术：崇高和滑稽

针对酒神所揭示的人生的可怕和荒谬，崇高用艺术驾驭可怕，滑稽用艺术解脱对荒谬的厌恶，构成美与真理之间的中介世界，希腊的悲喜剧艺术由此产生。埃斯库罗斯和索福克勒斯的悲剧作品中的崇高。悲剧艺术使日神和酒神结成一体，依靠音乐把外观用作真理的象征。

酒神境界的迷狂，连同它对生存的日常规则和界限的破除，当这种状态持续之时，便包含了一种将一切往事淹没于其中的**恍惚**的成分。于是，一条忘川隔开了日常现实的世界和酒神现实的世界。然而，一旦那个日常现实重新进入意识之中，它的原貌就会令人感到**厌恶**，一种**禁欲**弃志的心情乃是酒神境界结的果实。在思想中，酒神状态被当作更高的世界秩序而与平庸低劣的状态相对置，希腊人渴望完全逃避后面这个罪恶和宿命的世界。他们不能满足于死后升天的空话，他们的渴望上升得更高，超越了众神，他们否定了生存及其五彩缤纷的神话镜像。在醉后的清醒中，他们到处看见人生的可怕和荒谬,从而生厌。他们终于领悟了林神的智慧。

这时,已经走到了希腊意志及其日神乐观主义原则所允许的最危险的边界。这时,此一意志立刻发挥其天然的救治能力,要让那否定的心情再度转向,其手段就是悲剧艺术作品和悲剧观念。它的意图当然不会是压制甚或克服酒神状态,直接战胜是不可能的,即使可能,也是极其危险的,因为在其涌流中被阻挡的元素随后就会冲决航道,渗透于一切生活脉管中。

首要的事情是要把生存之可怕荒谬的厌世思想改变成使人借以活下去的表象。**崇高**和**滑稽**便是这样的表象,前者用艺术来驾驭可怕,后者以艺术来解脱对荒谬的厌恶。这两种互相纠缠的因素被统一为一个模仿醉又与醉嬉戏的艺术作品。

崇高和滑稽比美丽外观的世界前进了一步,因为在这两个概念中可以感觉到一种对立。另一方面,它们绝对不与真理相一致,它们是对真理的遮蔽,虽然这遮蔽比起美来要透明一些,但毕竟仍然是遮蔽。这样,我们在它们身上获得了美与真理之间的一个中介世界,在此世界中,酒神与日神的否定[1]成为可能。这个世界的显现是靠了与醉嬉戏,而不是醉得不省人事。我们在戏剧演员身上重又辨认出了酒神之人,本能的诗人、歌手、舞者,不过是作为**被扮演**的酒神之人。他试图在崇高的震颤中,抑或也在滑稽的震颤中,接近酒神之人的榜样。他越过了美,但他并不寻求真理。他始终在两者

---

1 原文为 Verneinung(否定),疑应为 Vereinigung(联盟)。

之间的中点上摇摆。他不追求美的外观，却追求外观，不追求真理，却追求**逼真**（真理的象征、符号）。戏剧演员一开始当然不是个人，应该被描述的是酒神人群和人民，由此产生了酒神颂歌队。通过与醉嬉戏，他自己以及周围的观众歌队应当像是从醉中获得了释放一样。从日神世界的立场出发，希腊民族要求**拯救**和**赎罪**。日神这个公正的救赎之神把希腊人从**看破**红尘的禁欲和厌世中救了出来——通过悲喜剧观念的艺术作品。

与美丽外观的旧观点相比，崇高和滑稽的新艺术世界、"逼真"的新艺术世界立足于不同的神话观和世界观。对生存的可怕性和荒谬性的认识，对备受干扰的秩序和非理的合计划性的认识，总之，对自然整体中巨大**苦难**的认识，揭露了被人为掩饰的 Μοιρα（命运）和厄里倪厄斯[1]、美杜莎和戈尔工[2]等形象的真相，奥林匹斯众神处于空前危险之中。在悲喜剧艺术作品中，他们获救了，因为他们也被浸在了崇高和滑稽的海洋里，他们不再仅仅是"美"，他们仿佛吸取了那更古老的神规及其崇高于己身。现在，他们分成了两个阵营，只有少数摇摆于其间，时而做崇高之神，时而做滑稽之神。酒神尤其接纳了这样的二重人格。

这在两位典型人物身上表现得最明显，使我们像是亲身经历了希腊悲剧时代一样，那便是埃斯库罗斯和索福克勒斯。

1　厄里倪厄斯（Erinyes），希腊罗马神话中的复仇女神。
2　戈尔工（Gorgon），希腊神话中的怪物。

对作为思想家的前者来说,崇高多半表现为伟大的正义。在他那里,人与神作为主体被一视同仁,神圣、正义、高尚、**幸福**紧密联结,俨然一体。个别生灵、人或泰坦皆要用这杆秤衡量。众神要按照这一正义标准重新建构。因此,譬如说,对于蛊惑人心、诱人犯罪的魔鬼的民间信仰——那被奥林匹斯神界废弃了的原始神界的一个残余——遭到了修改,这个魔鬼变成了从事公正审判的宙斯手中的一个工具。另一个同样原始的——对于奥林匹斯神界也是同样陌生的——观念,即宗族惩罚的观念,也被解除了其严厉的性质,因为在埃斯库罗斯这里,个人并不存在犯罪的必然性,每个人都有可能避免。

如果说埃斯库罗斯在奥林匹斯法治的崇高性中发现了崇高,那么,索福克勒斯却以可惊的方式在奥林匹斯法治的不可捉摸性中发现了它。他在一切问题上重建了民间立场。在他看来,一种悲惨命运因为冤枉所以是崇高的,真正不可解的人生之谜是他的悲剧缪斯。苦难在他那里得到了神化;它被理解为某种超拔入圣的东西。人与神之间的距离遥不可测;因此,合宜的态度是彻底顺从,听天由命。真正的美德是 $\sigma\omega\phi\rho o\sigma\upsilon\nu\eta$(节制),原本就是一种消极的美德。英雄人性是缺乏此种美德的最高贵人性;他们的命运证实了那条不可逾越的鸿沟。并不存在**罪恶**,只存在对于人的价值和界限的无知。

与埃斯库罗斯的立场相比,这一立场肯定更加深刻,它显然接近于酒神的真理,无须许多象征便将之表达了出来。

可是，尽管如此，我们在此仍可发现日神的伦理原则被掺和进了酒神世界观中。在埃斯库罗斯那里，当崇高的静观者面对世界秩序的智慧——这种智慧仅仅对于弱者才是**难以认识的**——之时，厌恶便消除了。在索福克勒斯这里，这位静观者更加伟大，因为上述**智慧**完全是神秘莫测的。这是一种纯净无争的虔诚心情，而埃斯库罗斯式的心情却不断地以替众神的法治辩护为己任，因而始终面临着新问题。对索福克勒斯来说，阿波罗下令要研究的"人的界限"是可知的，但是比阿波罗在前酒神时代所设想的更为局促狭窄。人对自己的无知是索福克勒斯式的问题，人对神的无知则是埃斯库罗斯式的问题。

虔诚，生命冲动的最奇特面具！献身于一个完美的梦中世界，高尚品性的最顶级智慧！逃避真理，为了能从远处隔着云层向它膜拜！与现实和解，**因为**它是一个谜！拒绝猜谜，因为我们不是神！充满喜悦地倒在尘土中，在不幸中感到幸福安宁！在人的最高表现中达到人的最高自弃！把生存的恐怖可怕手段神化和美化，成为**超度**生存的拯救手段！在蔑视生命中享受生命的欢乐！在否定意志中庆祝意志的凯旋！

认识达于这样的高度，便只存在了两条路，即**圣徒**之路和**悲剧艺术家**之路。两者的共同点是，他们都洞察了生存的无价值，却仍能活下去，并且在他们的世界观中找不到裂痕。对活下去的厌恶被体验为创造的手段，不管是圣化创造还是艺术化创造。可怕或荒谬皆把人提升，因为可怕和荒谬都只是**表面**的。酒神的魔力在这里仍然保持在其世界观的顶峰，一切现实消解于外观，背后透出了统一的**意志本体**的消息，笼罩着智慧和真理的荣耀，沐浴着诱人的光芒。**幻觉和幻想适逢其时。**

现在我们就不难理解，那同一个意志，曾经作为日神意志建设了希腊世界，此时便把自己的另一种表现形式即酒神意志接纳到自身之中了。意志的两种表现形式的斗争有着一个特别的目的，就是要造就**生存**的一种**更高可能性**，在其中（通过艺术）实现一种**更高的神化**。这一神化的形式不再是外观艺术，而是悲剧艺术，不过，它充分吸收了外观艺术。日神和酒神结成一体了。就像在日神生活中加进了酒神因素，外观在这里也被确立为界限一样，酒神悲剧艺术也不复是"真理"了，它的歌舞不再是大自然中的本能之醉，酒神式昂扬的歌队不再是被春情盲目裹胁的乌合之众。真理在这里被**象征化**了，它让外观为自己服务，为此它能够也必须利用外观艺术。但是，与过去艺术的更大区别在于，现在外观艺术的所有手段得到了共同使用，雕塑可以变化，布景可以移动，在同一背景下，让观众看到的时而是庙宇，时而是宫殿。这样，我们立刻觉察到了一种**对于外观的无所谓态度**，外观在这里必须放弃它的永久权利和君王要求。外观全然不再是作为外观得到欣赏，而是作为**象征**，作为真理的符号。由此形成了艺术手段的——本身是不合体统的——融合。如此低估外观的最明确标志就是**面具**。

因此，对于观众提出了酒神式要求：善于将呈现的一切魔化，永远看到比象征更多的东西，把舞台和乐队的整个可见世界看作一个**奇迹领域**。然而,那把他置于相信奇迹的心情之中、令他魔化地看一切的力量在哪里?是谁战胜了外观的权力,把外观派做了象征?

是**音乐**。

四、感情的传达方式：在酒神节庆中达于顶峰

形体语言和声音语言分别是表象和意志的符号化。美和逼真的区别。在音乐中，节奏和强度是意志表层的符号，和声是意志纯粹本质的符号。语言的符号学分析：词，概念，句子，思想。在史诗中，词是表象的符号，在抒情诗中，词是意志的符号。在酒神节庆中，全部象征能力被激发到了最高峰。

我们所说的"感情"（Gefuehl），沿叔本华轨道发展的哲学教导我们把它看作无意识表象与意志状态的一个综合体。然而，意志的追求显示为快乐和不快，并表明其间仅有量的差异。不存在快乐的不同种类，存在的也许只是程度以及无数相随表象。我们只能把快乐理解为一个意愿的满足，把不快理解为它的不满足。

那么，感情用什么方式来传达呢？部分地，不过是很大的部分，可以转换为思想，亦即有意识的表象；这当然仅适用于相随表象那一部分。可是，在这感情疆土上始终还保留

着一个不可消除的剩余。可消除的只是能够用语言和概念处理的东西，"**诗歌**"表达感情的能力即由此限定。

另外两种传达方式完全是本能的，它们无意识却又合目的地发生着作用。这就是**形体语言**和**声音语言**。形体语言由大家都容易懂的符号组成，通过反射动作形成。这些符号是可见的，看见之后，眼睛立即把它们翻译成一种状态，即那个造成了姿势表情又被姿势表情象征化了的状态。看者在察觉对方面部或肢体的动作时，往往会感觉到自己相应部位交感神经的支配作用。在这里，符号是一种很不完整的、局部的模写，一个简略的记号，必须对它取得一致的理解。不过，在这个场合，共识的达成是**本能的**，因而是未被明确地意识到的。

那么，**姿势表情**把感情这二元事物的**什么东西**符号化了呢？

显然是**相随表象**，因为只有它们才能够借助可见的形态被不完整地、局部地略示出来，只有图像才能够用图像来符号化。

绘画和雕塑描绘有一定姿势表情的人，这意味着它们模仿符号，而当我们理解这符号时，它们便实现了其效用。欣赏的快乐在于理解了符号，而无视其外观。

相反，戏剧演员认真地描绘符号，而不是只把它当作外观。但是，它在我们身上产生的效果不是凭借对它的理解，毋宁说，我们沉浸在被象征化了的感情中，并不固守对外观的快感和美的外观。

因此，戏剧中的舞台布景完全不激起外观的快乐，我们只把它当作符号，借以理解所喻指的现实。在我们看来，蜡偶和真花真草在这里被画在一起是完全允许的，这证明了我们在这里所想象的是现实，而不是富于艺术魅力的外观。这里的任务是逼真，而不再是美。

然而，美是什么？——"这朵玫瑰花很美"仅仅是表示：这朵玫瑰花有一个好的外观，它有某种令人喜欢的光彩。这还丝毫没有涉及它的本质。它是作为外观令人喜欢、引起快感的，也就是说，意志因它的外观而得满足，生存的乐趣因之而得推进。它——根据它的外观——是它的意志的忠实模本，它的意志与这样的形式相一致，它按其外观符合类的规定性。它越是如此这般，它就越美，而当它按照其本质符合上述规定性时，它就是"好"的。

"一幅美丽的画"仅仅是指：我们对于一幅画所具有的表象在此得到了满足。可是，如果我们说一幅画"好"，我们是指我们对于一幅画的表象乃是符合绘画之**本质**的表象。然而，多数时候，一幅美丽的画却被理解为一幅描绘了美丽对象的画，这是外行的判断。他们欣赏的是材料的美；**所以**，我们不妨在戏剧中欣赏造型艺术，只是不要把它在这里的任务归结为描绘美，而是显得**真**即已足够。被描绘的对象应该尽量形象生动地呈现；它应该产生逼真的效果：这是一个与一切美丽外观作品的守则**相反**的要求。

但是，如果说姿势表情所象征的是感情中的相随表象，那么，**意志**冲动本身是通过怎样的符号**传达**给我们的呢？这里的本能性质的中介是什么？

是**声音之中介**。更确切地说，是声音的各种方式把快乐和不快的各种方式——没有任何相随表象——符号化了。

在说明各种不快感觉的特征时，我们所能说出的无非是借形体符号变得清晰了的表象的图像，譬如当我们谈到吃了一惊，谈到受痛苦的"打击""拉扯""震撼""刺激""宰割""咬啮""抓挠"之时，情况便是如此。这里似乎表现出了**意志**的某种"周期性形式"，简言之，即——通过声音语言之符号——**节奏**。在声音的**强度**中，我们重又认识意志的高昂充沛，快乐和不快的量的变化。但是，意志的真正本质却隐藏在**和声**之中，是无法用譬喻的方式表达的。意志和它的符号——和声——归根到底是**纯粹逻辑**！如果说节奏和强度仍是在符号中透露了消息的意志之表层，差不多还带着现象的特征，那么，和声则是意志的纯粹本质的符号。因此，在节奏和强度中，个别现象仍须作为现象得到说明，**从这一方面看，音乐是可以被制作成外观艺术的**。那不可消除的剩余，即和声，表达着存在于一切现象形式内外的意志，因而不仅是感情的象征语言，而且是**世界的象征语言**。在它的领域内，概念完全无能为力。

现在，我们可以理解形体语言和声音语言对于**酒神艺术作品**的意义了。在初民的春季酒神颂歌中，人不是作为个体，而是作为**类的成员**而求表达。他不再是个体的人了，这一点通过可见的象征语言、形体语言如此来表达：他作为**萨提儿**，作为普天下自然生灵中的一个自然生灵，用躯体来说话，而且

233

是用热情奔放的形体语言，用**舞蹈动作**。但是，他用声音却表达了大自然最深刻的观念，不仅是类的创造力，如同在用**形体**时那样，而且是存在本身的创造力，意志在这里使自己成了直接可知的东西。因此，他用形体仍停留在类的界限之内，从而是在现象界之内，用声音却仿佛把现象界消解为他的原始统一了，在他的魔力面前，摩耶世界风飘云散了。

然而，自然之子何时获得声音的象征语言？形体语言何时不再够用？声音何时变为音乐？首先是在意志极端快乐和不快的状态中，在意志欢欣鼓舞或忧愁欲死之时，简言之，在**情不自禁**之时，在**脱口喊叫**之时。与看见相比，喊叫是何等有力和直接！不过，意志较温和的激动也有其声音象征语言，一般来说，每种姿势表情都有相应的声音，而要使声音达于纯粹声音，则唯有情不自禁能够做到。

一种形体符号与声音的最密切最频繁的结合被称作**语言**。在词中，通过音调及其升降，发音的强度和节奏，事物的本质得以符号化，通过口形，相随表象、图像、本质之现象得以符号化。符号可以也必定是多种多样的；它们出自本性地、聪明而相当有规律地增加。一个可见的符号就是一个**概念**，因为在记忆时声音完全消失了，所以只有相随表象被保存在了概念之中。我们所"把握"[1]的东西，即是我们能够指示和区别的东西。

感情激动之时，词的本质更加清晰鲜明地显现在了声音

1　在德语中，Begriff（概念）是 begreifen（把握）的名词形式。

符号之中，因此而会余音袅袅。宣叙调仿佛是对自然的一种回归，在使用中被逐渐磨钝的符号重获了它的原始力量。

在句子中，因而是通过一串符号，某种新的更重大的东西要被象征地描述，为了造就此种能力，节奏、强度、和声又都必不可少。现在，这一更高层面支配着单词的较狭窄层面，词的选择、词的新排列有了必要，诗歌开始了。吟唱一个句子不是词音的顺序问题，因为一个词只具有完全相对的发音，它的实质、它通过符号所叙述的内容依据它的位置而变化。换句话说，从句子和借之符号化的内容之间的更高统一出发，单词符号的意义不断被重新确定。一串概念就是一个思想，所以，思想是相随表象的更高统一。思想触及不到事物的本质，但它作为动机、作为意志的激因而对我们发生作用，其原因在于，思想已经同时成为一个意志现象、成为意志的激发和表现的可见符号。但是，把它说出来，它凭借声音符号所发生的效果要无可比拟地有力和直接。把它唱出来，它就达到了其效果的高峰，倘若旋律内容是其意志的可理解符号的话；倘若不是呢，则尽管声音序列对我们发生作用，语词序列即思想对于我们却始终是遥远而冷漠的。

于是，根据不同情况，词或者主要作为相随表象的符号，或者主要作为原初意志冲动的符号而起作用，与此相应，被符号化了的或者是图像，或者是感情，诗歌因此而分作两路，即史诗和抒情诗。前者通向造型艺术，后者通向音乐；对现象的兴趣支配着史诗，意志显现于抒情诗之中。前者脱离音乐，后者始终与音乐结盟。

然而，在酒神节庆中，狂热的酒神信徒的全部象征能力被激发到了最高峰，某种从未感受过的东西急于得到表现，这便是个体的毁灭，类的乃至于大自然的创造力的统一。此时，大自然的本质需要表达，一个新的符号世界已属必需，各种相随表象在一种被提高了的人性的图像中获得了符号，它们带着最充沛的身体能量，借完整的躯体象征语言、舞蹈动作而被描绘。可是，意志世界也要求一种前所未闻的符号表达，和声、强度、节奏的力量突然迅猛高涨起来。在划分为两个世界之后，诗歌也达到了一个新的水平：既像史诗中那样，图像富有感性，又像抒情诗中那样，声音充满激情。为了把所有这些象征力量集中起来，它所实现的这个人性的提高实属必需，酒神信徒只会被自己的同类理解。所以，经过可怕的**搏斗**，这整个新的艺术世界带着其野蛮而又诱人的魅力震撼了希腊民族。

重要语词译表

die äesthetische Lust 审美快感
die äesthetische Metaphysik 审美形而上学
die äesthetische Stimmung 审美情绪
der äesthetische Sokratismus 审美苏格拉底主义
die alexandrinische Cultur 亚历山大文化
Anschauen 静观,直观
der Apollinische 日神因素
der apollinische Cultur 日神文化
Apollo 阿波罗,日神
Archilochus 阿尔基洛科斯
Bild 形象
Chor 歌队
Dasein 存在,生存,此岸存在,此在,实存
das deutsche Wesen 德国精神
Dionysus 狄俄尼索斯,酒神
die Dionysische 酒神因素,酒神冲动,酒神精神
die dionysische Erregung 酒神冲动

der dionysische Geist 酒神精神

die dionysische Weltbetrachtung 酒神世界观

der dionysische Weltkünster 酒神式的世界艺术家

Dithyrambus 酒神颂

Epik 史诗

Erscheinung 现象

Geist der Musik 音乐精神

Geist der Wissenschaft 科学精神

Gleichnis 譬喻

die griechische Heiterkeit 希腊的乐天

Lyrik 抒情诗

Maaß 适度

Metaphysik der Kunst 艺术形而上学

der metaphysische Trost 形而上的慰藉

Mysterium 秘仪

Mythus 神话

Olymp 奥林匹斯

Phänomen 现象

der praktische Pessimismus 实践的悲观主义

principium individuationis 个体化原理

Rausch 醉

Realität 实在

der Satz von Grund 充足理由律

Satyr 萨提儿

Schein 外观

Schönheit 美

Sein 存在

der Sokratismus 苏格拉底主义

Symbolik 象征

der theoretische Optimismus 理论乐观主义

die theoretische Weltbetrachtung 理论世界观

die tragische Weltbetrachtung 悲剧世界观

das Tragische 悲剧性

Tragödie 悲剧

Traum 梦

Übermaß 过度

Ur-Eine 太一

Urkünstler der Welt 世界原始艺术家

Urlust 原始快乐

Urschmerz 原始痛苦

Verzauberung 魔变

Vision 幻觉

Wille 意志

Wissenschaft 科学

全书完

作者丨弗里德里希·威廉·尼采

(1844—1900)

德国哲学家,他的思想对西方现代哲学和文化产生了重大的影响。主要著作有《悲剧的诞生》《查拉图斯特拉如是说》《善意的彼岸》《偶像的黄昏》等。

译者丨周国平

学者、作家
中国社会科学院哲学研究所研究员
1945 年生于上海
1968 年毕业于北京大学
1981 年毕业于中国社会科学院研究生院

悲剧的诞生

作者 _ [德] 弗里德里希·威廉·尼采   译者 _ 周国平

编辑 _ 陈曦   内文排版 _ 朱大锤   主管 _ 岳爱华
技术编辑 _ 顾逸飞   责任印制 _ 梁拥军   出品人 _ 王誉

营销团队 _ 毛婷 魏洋

果麦
www.goldmye.com

以 微 小 的 力 量 推 动 文 明

图书在版编目（CIP）数据

悲剧的诞生 /（德）弗里德里希·威廉·尼采著；周国平译. -- 昆明：云南人民出版社，2025.7.
ISBN 978-7-222-23897-8

Ⅰ．B83-095.16

中国国家版本馆 CIP 数据核字第 2025QR4101 号

责任编辑：王冰洁
责任校对：刘　娟
责任印制：李寒东

悲剧的诞生
BEIJU DE DANSHENG
[德]弗里德里希·威廉·尼采　著　周国平　译

出　版	云南人民出版社
发　行	云南人民出版社
社　址	昆明市环城西路 609 号
邮　编	650034
网　址	www.ynpph.com.cn
E-mail	ynrms@sina.com
开　本	880mm×1230mm　1/32
印　张	8
字　数	159 千字
版　次	2025 年 7 月第 1 版　2025 年 7 月第 1 次印刷
印　刷	河北鹏润印刷有限公司
书　号	ISBN 978-7-222-23897-8
定　价	49.80 元

版权所有　侵权必究
如发现印装质量问题，影响阅读，请联系 021-64386496 调换。